区块链技术及应用研究

宋宇斐 李世武 冯 玖 著

中国原子能出版社

图书在版编目（CIP）数据

区块链技术及应用研究 / 宋宇斐, 李世武, 冯玖著.
北京 : 中国原子能出版社, 2024. 11. -- ISBN 978-7-
5221-3782-7

Ⅰ. TP311.135.9

中国国家版本馆 CIP 数据核字第 20247E92W1 号

区块链技术及应用研究

出版发行	中国原子能出版社（北京市海淀区阜成路 43 号　100048）
责任编辑	杨　青
责任印制	赵　明
印　　刷	北京金港印刷有限公司
经　　销	全国新华书店
开　　本	787 mm×1092 mm　1/16
印　　张	14.5
字　　数	222 千字
版　　次	2024 年 11 月第 1 版　2024 年 11 月第 1 次印刷
书　　号	ISBN 978-7-5221-3782-7　　　定　价　72.00 元

发行电话：010-88828678

前　言

　　区块链技术是一种通过数据的有序记录增加信任，降低交易成本，提升群体协作的通用前沿技术。所谓通用前沿技术，指的是能够解决行业内普遍存在的问题，助力行业摆脱社会生态中的困境，并深入挖掘行业经济生态中的核心竞争力的技术。区块链技术为人与人之间的协作、机构间的合作及机器间的协同提供了基础，其核心竞争力在于实现协同后的自组织效应。

　　信息技术，特别是代表性的互联网技术，极大地提高了信息传递的效率，显著推动了企业内部流程的电子化与自动化。尽管如此，由于企业之间在数据一致性、安全性及互操作性的要求上存在差异，导致企业间信息交互电子化的进展相对缓慢，系统的自动化实现也面临多重挑战。然而，随着区块链技术的兴起，它为价值传递建立了坚实的信任基础，使得不同实体能够依靠区块链技术进行可靠的价值交换，而无需依赖任何中介机构进行协同控制。区块链技术通过智能合约实现了业务流程的自动化。因此，区块链技术促进了互联网从单一的信息传输平台向价值智联网的转型。

　　区块链技术并不是一个全新的单一技术，而是基于博弈论、密码学和软件工程等多个学科领域的研究成果的综合创新。这种综合创新，结合了五个核心 DNA 特征：点对点的组网结构、链式账本、密码算法、共识算法及智能合约，使得区块链具备了数据的不可篡改性、集体数据维护和多中心决策等关键特征。这些特征共同构建了一个公开、透明、可追溯且不可篡改的价值信任传递链，为金融及信用服务领域带来了创新的可能性。区块链技术基于共识记账，实现了协同计算，分布式集成应用呈现整体性，形成了一种高层次的协同涌现效应，将对各行各业产生深远的影响。随着区块链应用的发展，其工程技术可行性得到逐步验证。展望未来，区块链将引发产业链重构，区块链最终将会改变现在的产业构建方式。商业活动的参与方可通过共建联盟链的方式构建自主业务网络，产业链自主性加强。同时，区块链有助于实现社会化管理透明化，通过区块链可以实现真正扁平化、透明化、网络化的社会管理。

本书第一章为区块链技术概论，分别介绍了区块链的基础认知、区块链技术的发展历程、区块链基础技术、区块链技术特性、区块链技术常见误区；第二章为区块链的产业发展，分别介绍了区块链监管与政策措施、区块链产业发展与服务、区块链和社会信任；第三章为区块链技术与其他新技术的融合，分别介绍了区块链技术与人工智能的融合、区块链技术与物联网的融合、区块链技术与云计算的融合、区块链技术与大数据的融合；第四章为区块链技术在农业中的应用，分别介绍了区块链＋农业的融合信任成本、农业区块链应用的目标与需求、农业区块链的具体应用；第五章为区块链技术在教育行业中的应用，分别介绍了区块链技术在教育中的应用模式与启示、区块链技术推动教育创新发展的路径、区块链技术下数字化教育资源管理系统分析；第六章为区块链技术在其他场景中的应用，分别介绍了区块链技术在数字身份领域中的应用、区块链技术在数字版权保护中的应用、区块链技术在公益慈善业中的应用。

在撰写本书的过程中，笔者参考了大量的学术文献，得到了诸多专家、学者的帮助，在此表示感谢。本书内容全面，条理清晰，但由于笔者水平有限，书中难免有疏漏之处，希望广大同行及时指正。

目　　录

第一章 区块链技术概论

区块链技术代表了一种全新的应用模式，它综合运用了分布式数据存储、点对点传输、共识机制及加密算法等多种先进的计算机技术，这种技术被普遍认为是继大型机、个人电脑、互联网之后的又一次计算模式的革命性突破。目前，区块链技术已经在全球范围内引发了一场深远的技术革新，同时也促进了产业结构的重大变革。本章主要介绍了区块链的基础认知、区块链技术的发展历程、区块链基础技术、区块链技术特性、区块链技术常见误区。

第一节 区块链的基础认知

尽管区块链的发展历史较为短暂，影响却很广泛、深远，备受科技界尤其是金融界的关注。最初，人们只知比特币，不识区块链。后来，人们发现区块链不仅可以作为支持数字货币交易的底层技术，还能脱离比特币，应用于金融、贸易、征信、物联网、共享经济等诸多领域。区块链凭借其安全性，可以帮助公司或者政府部门建立更加值得信赖的网络，可以让用户更加放心地分享信息和价值。目前，区块链的应用已延伸到物联网、智能制造、供应链管理、数字资产交易等多个领域。可以预见，未来区块链可以得到更广泛的应用。

一、区块链的定义

区块链技术最初被运用在比特币项目中，充当比特币的分布式记账平台。在没有集中式管理机制的环境中，比特币网络已经稳定运作了八年之久，期间支撑了诸多的交易记录。在这期间，网络并没有出现任何严重的安全漏洞，这些成绩都归功于区块链技术精妙的结构设计。目前，区块链技术本身还在不断进化之中，其相关的规范和标准也在逐步成熟和完善。从广义上讲，区块链技术是一种利用块链式数据结构来验证及存储数据、采用分布式节点共识算法来生成和更新数据、通过密码学保障数据传输和访问安全，以及使用由自动化脚本代码构成的智能合约来进行数据编程和操作的全新分布式基础设施及计算方式。从狭义上看，区块链是一种按时间顺序连接数据区块形成的链式数据结构，这种结构利用密码学的方法确保了数据的不可篡改性和不可伪造性，形成了一种分布式账本。

不同组织或机构给出的区块链定义如下。

（1）维基百科给出的定义为："简而言之，区块链是一个分布式的账本，区块链网络系统无中心地维护着一条不停增长的有序的数据区块，每一个数据区块内都有一个时间戳和一个指针，指向上一个区块，一旦数据上链之后便不能更改。"[①]该定义中，区块链技术类似于一种分布式数据库，其通过连续的数据块链式结构来保持数据的不可篡改性和持续增长。

（2）中国区块链技术与产业发展论坛给的定义为："区块链是分布式数据存储、点对点传输、共识机制、加密算法等计算机技术的新型应用模式。"[②]

（3）数据中心联盟给出的定义为："区块链是一种由多方共同维护，使用密码学保证传输和访问安全，能够实现数据一致存储、无法篡改、无法抵赖的技术体系。典型的区块链是以块链结构实现数据存储的。"[③]

[①] 熊健，刘乔. 区块链技术原理及应用［M］. 合肥：合肥工业大学出版社，2018.

[②] 郑红梅，刘全宝. 区块链金融［M］. 西安：西安交通大学出版社，2020.

[③] 熊健，刘乔. 区块链技术原理及应用［M］. 合肥：合肥工业大学出版社，2018.

这种综合性的理解指出，区块链本质上是一个由多个参与者共同维护的、持续增长的分布式数据库。作为一种分布式共享账本，区块链利用智能合约来维护一条连续增长的有序数据链。在参与的系统中，多个节点通过密码学算法将一段时间内的所有交流数据计算并记录到一个数据块中，并生成这个数据块的指纹以链接下一个数据块并进行校验。所有参与的节点共同验证这些记录的真实性，确保区块内的信息无法被篡改或伪造。其核心在于通过分布式网络、时序不可篡改的密码学账本和分布式共识机制，建立了交易双方之间的信任关系。通过自动化的智能合约脚本，区块链不仅可以编程和操作数据，还能实现信息互联到价值互联的重要进化。

二、区块链的类型

为了适应不同的应用场景和需求，区块链根据准入机制可以分为：公有链（Public Blockchain）、联盟链（Consortium Blockchain）和私有链（Private Blockchain）3 种基本类型。在实际应用中单一的某种区块链常常无法满足用户需求，就出现了多种类型的结合，如私有链＋联盟链、联盟链＋公有链等不同组合形式。从链与链的关系来区分，可以分为主链（Main Chain）和侧链（Side Chain）。此外，不同区块链还可以形成网络，网络中链与链的互联互通，产生互联链（Inter Chain）的概念。

（一）公有链

公有链指的是像比特币系统这样的区块链，这种链是完全的分布式（去中心化），并且不受任何机构的控制。这类区块链允许全球任何人在任何时间加入，可以自由读取数据。此外，任何人都能够发送交易并且这些交易能够得到有效的确认。同时，任何人都有机会参与到共识过程中，这一过程是决定哪些区块能被有效添加到区块链上及明确区块链当前状态的关键步骤。公有区块链作为最初的区块链形式，也是使用最广泛的一种。众多主流的虚拟数字货币都是建立在公有区块链的基础上的，且对于每种货币，世界上有且只有一条相应的区块链存在。公有链作为中心化或准中心化信任机制的替代品，其安全性主要由共识机制维护。这种共识机制可能采用工作量证明（PoW）或权益证明（PoS）等形式，通过将经济激励与加密算法验证相结合的方式运作，并遵循一个基本原则：每个人获取的经济奖励应与其对共识过程的贡献成正比，这些区块链通常被视为完全去中心化的。公有链通常也被称作非许可链（Permissionless Blockchain），如比特币和以太坊都属于此类区块链。公有链一般适用于虚拟货币交易、大规模的电子商务、互联网金融等涉及 B2C、C2C 或 C2B 模式的应用场景。

在公有链的环境中，程序开发者并没有权限干预用户的操作，因此，区块链能够为使用其开发程序的用户提供保护。这样的设计确保了用户的自主性和数据的安全性，使得公有链成为一个开放且透明的数字生态系统。公有链的特点就是完全公开，公有链中每个参与者都有权力访问分布式账本的每一条记录；不受任何组织机构监控监管，程序开发组织和人员无权干涉用户；区块链可以保护其用户，公有链依靠加密技术来保证其安全。

（二）私有链

与公有链的完全去中心化相比，私有链具有中心化控制区块链的特点。私有链中的写入权限通常由特定的组织或机构掌握，而读取权限则可能对外开放，也可能受到一定的限制。在私有链的应用领域中，我们可以看到它被用于数据库管理、审计流程及企业内部的多种运用。虽然在某些情况下，人们希望它具备公共的可审计性，但很多时候公共的可读性并不是必需的。例如，传统金融领域的保守巨头正在尝试利用私有区块链进行创新，而相对于已经在工业化层面实现应用的公有链技术如比特币，私有链的产品开发还在初步探索阶段。

许多人最初对私有链的必要性持怀疑态度，认为它与中心化的数据库相比并无太大优势，甚至效率更低。然而，中心化与去中心化实际上是相对的概念。从更广义的角度来看，私有链可以被视为一个小范围的内部公有链。

从系统外部看，这种系统可能仍然表现为中心化的特征，但对系统内的各节点来说，它实现了去中心化的权力分配。从某种视角看，公有链也可视为全球范围内的私有链，因为只有地球上的电脑系统才能接入。因此，私有链完全是有其存在价值的。私有链的巨大优势就是对于 P2P 这样的网络系统而言，系统内部的处理速度往往取决于最弱的节点，而私有链所有的节点和网络环境都是完全可以控制的，因此能够确保私有链在处理速度方面远远优于公有链。

私有链与公有链的显著不同之处还在于其经济模型。公有链内部通常设有代币机制，这是为了通过奖励制度激励各节点按规则参与记账，代币奖励是实现这一激励的主要方式。而私有链通常服务于特定机构的内部节点，这些节点的记账活动可能仅仅是组织上级的一项要求，是他们职责的一部分，因此不必通过代币奖励来驱动。由此可见，代币系统并非区块链技术的必需元素。考虑到处理速度、账本的私密性和安全性，私有链更适合商业应用。随着技术的成熟和应用需求的增加，越来越多的企业倾向于采用私有链技术作为其区块链解决方案。

（三）联盟链

联盟链是一种特定类型的区块链，其核心特征是共识过程主要由一组预选的节点控制。在此模式中，一定数量的预选节点被一个特定群体内部指定为记账者，这些节点共同作出决策来生成每一个区块。虽然其他接入节点可以参与到交易中，但它们并不参与到记账过程中（这本质上仍然是一种托管记账形式，只不过是以分布式的方式进行）。预选节点的数量及如何选定每个区块的记账者，成为这类区块链的主要风险点，任何人都可以通过这些区块链提供的开放 API 来进行限定的查询操作。联盟链的去中心化程度是有限的，可以被视为部分去中心化的系统，如 R3CEV 就是典型的联盟链系统。

在联盟链中，参与者被限定为联盟成员，区块链上的读写权限和记账权限都是根据联盟规则来设定的，多家银行参与的区块链联盟 R3 及由 Linux

基金会支持的超级账本（Hyperledger）项目均采用联盟链架构。联盟链需要注册许可，并且其共识过程受到预先选定节点的控制。此类区块链通常适用于 B2B 场景，如机构间的交易、结算或清算等。在实际应用中，如在银行间进行支付、结算、清算的系统，可以采用联盟链的结构，其中各家银行的网关节点作为记账节点。当网络上超过三分之二的节点确认一个区块时，该区块记录的交易便得到了全网的确认，联盟链根据不同的应用场景决定对公众的开放程度。由于参与共识的节点数量较少，联盟链通常不使用工作量证明的挖矿机制。相反，它们更倾向于使用权益证明、PBFT（实用拜占庭容错算法）或 RAFT 等共识算法。与公共链相比，联盟链在交易的确认时间、每秒交易数及对安全性和性能的要求方面都有明显的区别。

联盟链网络主要由其成员机构共同负责维护，通常情况下，各成员机构都通过各自的网关节点来接入此网络。此外，联盟链平台应具备完善的成员管理、认证、授权、监控及审计等多项安全管理功能，以确保网络的安全运行。例如，成立于 2015 年的 R3 联盟便是为银行间建立一个专属的联盟链的组织，该联盟至今已成功吸引超过 40 家成员加入，其中不乏摩根大通、高盛、瑞信、巴克莱、汇丰等世界知名银行，以及 IBM、微软等 IT 行业巨头。

联盟链的优势在于其节点间连接的高效性，能够以较低成本维持网络运行，同时提供快速的交易处理速度和较低的交易费用，展现出良好的可扩展性。然而，这种可扩展性会随着节点数的增加而有所下降。此外，联盟链能够在一定程度上保护数据隐私。尽管如此，联盟链的缺点也同样明显，如其应用范围相对较窄，不具备像比特币那样的广泛的网络传播效应，并且易于导致权力过于集中的问题。由于节点少，并且需要预选节点进行记账，不能完全解决信任问题，所以联盟链一旦运用不当则容易造成权力集中，甚至引发安全问题。上述私有链和联盟链这类每个节点都需要许可才能加入的区块链系统也称为许可链（Permissioned Blockchain）。

（四）混合链与复杂链

随着区块链技术日益发展和演变，其技术架构不再局限于传统的公有链和私有链模式。相反，这些架构之间的界限逐渐模糊，趋向于更为复杂和多样化的形态。在这种复杂的区块链系统中，节点的角色和权限开始出现分化。例如，某些节点可能仅有权限查看部分区块链数据，而其他节点则能够下载全部区块链数据，还有一些节点则专责记账任务。随着系统的复杂性增加，区块链中的角色和权限层级将更加丰富多样。例如，在授权股份证明（Delegated Proof of Stake，DPoS）这种共识机制中，不是所有节点都参与记账，仅有那些通过投票选出的受托人（Delegated）才会承担记账的职责，这种现象反映了角色的明确划分。若在未来，中央银行选择使用区块链技术来发行人民币，他们很可能会倾向于采用类似混合链这样的先进技术。

（五）侧链

在区块链领域中，侧链协议被视为一种创新的跨区块链解决方案。这种方案能够实现数字资产从一个区块链安全地转移到另一个区块链，随后又可以在适当的时机安全地返回到原始区块链。通常，作为数字资产起始点的区块链被称为主区块链或主链，而其他的则被称为侧链。最初，主链通常指的是比特币区块链，而现在主链可以是任何区块链。侧链协议被设想为一种允许数字资产在主链与侧链之间进行转移的方式，这种技术为开发区块链技术的新型应用和实验打开了一扇大门。应当指出的是，侧链并非区块链的一个分类，它更多的是开发者对区块链功能的扩展或延伸，在现实应用中赋予了这一技术特定的名称。

比特币是大家公认的公有链，目前市场上公开的虚拟货币系统，绝大多数都是基于比特币系统进行规则修改或扩展而来，但比特币的设计规则决定了比特币有一定的局限，且已十分固定，难以做出较大的修改和扩展。例如，平均每 10 分钟出一个区块，每个区块受 1 MB 大小限制，这使得大概每秒才能确认 7 笔交易，这种交易速度在很多场景下不能满足业务需求。因此，通过侧链来提升效率、扩展比特币功能是一个非常有效的做法。这类以比特币平台为基础，使用新的规则、发布新的虚拟货币，能和比特币区块链进行交互，并能与比特币挂钩的区块链就是侧链。简单来说，就是在某个主链外面开发一个私有的小链，这个私链与主链之间有交互。主链和私链之间可以做币的转换，侧链目前主要适用于代币发行，如闪电网络把很多交易放在侧链，只有在做清算时才用上主链，这样一来可以极大地提升交易速率，又不会增加主链的存储负担。

（六）互联链

互联链是各种不同的区块链之间的互联互通所形成的一个更大的生态区块链，作为一个全新的概念目前还没有被普遍接受，因此相关的架构设计和标准化工作也没有开始。针对特定领域的应用可能会形成各种垂直领域的区块链，这些区块链会有互联互通的需求，这样这些区块链也会通过某种互联互通协议连接起来。与互联网一样，这种区块链上的互联互通就构成互联链，形成区块链全球网络。例如，现在的支付系统很多是竖井型，互不连接。如果在同一个国家、同一家银行或者支付网络支付还相对容易，但是如果用户尝试在不同支付网络间支付，就没有那么容易了。例如，从支付宝余额转钱到微信钱包余额里，虽然两者可以通过银行连接，但是这些连接都需要人工干预，交易确认缓慢。就像互联网的出现是为了解决不同电脑之间的信息联通一样，互联链的出现就是提供实现不同区块链互联互通的统一架构和标准协议。

可以预见，随着区块链技术的充分发展和在各领域的广泛应用，未来将会形成一个巨大的互联链，如电商平台公有链＋物流公有链＋物流联盟链＋银行联盟链等，它们之间的相互协作、通信、共识就是一个典型的互联链。

第二节　区块链技术的发展历程

一、区块链 1.0：数字货币

在区块链 1.0 时代，比特币被视为这一时期的标志性代表，它揭示了虚拟货币在支付、流通等领域的应用，从而标志着虚拟货币职能的初步实现。这一时期的主要特点是具备去中心化的数字货币交易与支付功能，其核心目标在于推进货币在支付手段上的去中心化。

比特币作为区块链 1.0 的最显著代表，不仅得到了包括欧美在内的多国市场的广泛接受，同时也促进了大量数字货币交易平台的诞生。这些平台不仅扩展了货币的部分职能，使得实物商品的交易变得可能，而且还为数字货币描绘了一个宏观的发展蓝图。在这个蓝图中，未来的货币系统预计将不再依赖各国央行的发行政策，而是朝向一个全球化的货币统一方向发展。

尽管区块链 1.0 的愿景非常宏伟，但它主要仍是满足虚拟货币领域的需求。由于这一技术的普及尚未触及其他行业，其应用范围相对有限。此外，这一时代也见证了众多所谓的山寨币的涌现，它们在市场上形成了特定的存在，但是与比特币等主流数字货币相比，这些山寨币的影响力和认可度有限。图 1-2-1 展示了区块链 1.0 时代的基本架构，主要包括前端、挖矿节点和节点后台。

区块链 1.0 时代的特征主要有 4 个方面。

（一）以区块为单位的链状数据结构

先要把系统中的数据块按照时间顺序加盖时间戳，并且通过密码学的技术手段进行有序链接。当系统中的节点生成新的区块时，需要将当前时间戳、区块中的所有有效交易、前一个区块的哈希值及 Merkle 树根值等内容全部打

图 1-2-1　区块链 1.0 基本架构

包上传，并且要向全网广播由于区块链中的每一个区块信息都与前一个区块信息相联系，随着区块长度的加长，如果想要改变某一个区块的信息，那么该区块之前所有的信息都需要改变。很明显，在分布式记账模式下，这是几乎不可能发生的事情。因此，区块链保证了账本的安全性和难以篡改性。

（二）全网共享账本

记录交易历史的区块链条被传递给了区块链网络中的每一个节点，因此每一个节点都拥有一个完整且信息一致的总账。这样，就算某个节点的账本数据遭到了篡改，也不会影响到总账的安全。区块链网络的节点都是通过点对点连接起来的，不存在中心化的服务器，因而不可能有单一的攻击入口。

（三）非对称加密

非对称加密使用公钥和私钥相结合的方式，成为计算机技术在区块链领域的一个非常重要的应用，它搭建了比特币使用的安全防御系统。

（四）源代码开源

以比特币为代表的区块链 1.0 时代的重要特征是源代码开源，区块链的共识机制可以通过开源的源代码进行验证。

基于区块链技术的数字货币体系，相比于传统的货币体系，展现出了诸多显著的优势。首先，区块链体系是由众多参与者共同维护的，这种结构不依赖于任何第三方信任中介。其去中心化的特点不仅大幅减少了交易成本，而且由于数据的全面公开，使得在该体系中伪造数据变得极其困难，从而极大增强了系统的透明度和安全性。其次，区块链的运作基于固定的数学算法，这种算法是公开且透明的，因此可以为不同政治和文化背景下的用户提供一个共同的信任基础，极大地促进了跨地区甚至跨国界的信任与合作。最后，区块链系统的设计确保即便单个节点发生故障或丢失，也不会影响到整个网络的稳定运行，这种设计赋予了区块链系统非凡的稳定性和抗风险能力。总之，区块链技术在提高交易效率、保障数据真实性及增强系统稳定性等方面，都显示出了传统货币体系无法比拟的优越性。

二、区块链 2.0：数字资产和智能合约

区块链 2.0 代表了数字货币与智能合约的融合，通过智能合约，实现了金融领域更多场景与流程的优化应用，其最显著的进步之一便是引入了智能合约这一概念。

智能合约的理念最初由尼克·萨博（Nick Szabo）在 20 世纪 90 年代提出，其成立年代几乎与互联网同时。早期由于缺乏一个可靠的执行环境，智能合约尚未在实际行业中得到广泛应用。然而，随着比特币的诞生，人们开

始认识到，比特币的基础技术——区块链，能够为智能合约提供一个安全可信的执行环境。

所谓的智能合约，其实是一种以数字化方式定义的承诺集合，这些承诺包括合约的各方可以执行的具体协议。一旦智能合约的条款被设置，它便可以在没有任何中介参与的情况下自动执行，这种自动化执行的特性确保了一旦智能合约启动，无人能够阻止其运行。智能合约所构建的系统不仅能够实现现实世界合同的功能，还能作为一个去中心化的、无需第三方参与的公正且具有强大执行力的执行者。

在区块链 2.0 的众多代表中，"以太坊"尤为突出。以太坊本质上是一个平台，它为用户提供了丰富的模块以搭建各种应用，这些应用本质上是各种合约，构成了以太坊技术的核心。以太坊的合约编程环境极为强大，能够支持各种商业和非商业环境中复杂逻辑的实现，如众筹系统、合同管理、金融支付、票据管理、多重签名的安全账户等。尽管以太坊的基础架构与比特币系统在核心上无本质区别，但以太坊的真正价值在于它全面实现了智能合约，极大地扩展了区块链技术的应用范围，不仅限于发行数字货币，还能为更广泛的商业和非商业场景提供技术支持。也就是说，以太坊＝区块链＋智能合约，图 1-2-2 展示了区块链 2.0 基本架构。

除了以太坊，区块链 2.0 还涉及多个应用场景。

（1）金融服务。区块链的一个重要方向是利用数字货币与传统银行和金融市场对接。Ripple Labs 正在使用区块链技术来重塑银行业生态系统，使用 Ripple 支付网络可以让多国银行直接进行转账和外汇交易，而不需要第三方中介。

（2）智能资产。区块链可以用于任何资产注册、存储和交易，包括金融、经济和货币的各个领域，可以涵盖有形资产、无形资产多种交易。区块链开辟了不同类型、不同层次的行业运用功能，涉及货币、市场和金融交易。在区块链 2.0 应用场景中，使用区块链编码的资产通过智能合约可成为智能资产。

图 1-2-2 区块链 2.0 基本架构

（3）众筹。在众筹领域中，基于区块链技术的众筹平台为初创企业提供了一种创新的资金筹集方式。通过创建自己的数字货币，初创企业能够向支持者分发所谓的"数字股权"，这些数字货币不仅代表着对企业的早期支持，也充当了一种股份凭证。这种方式为初创企业打开了新的融资渠道，同时也为投资者提供了新的投资工具。

（4）无需信任的借贷。区块链的去信任机制网络是智能资产和智能合约发展的重要推动因素。这使不认识的人在互联网上把钱借给"你"，而"你"可以将个人智能资产作为抵押，这必然大幅降低借贷成本从而让借贷更具竞争力，非人为干预的机制也使纠纷率大大降低。

相较于区块链 1.0，区块链 2.0 展现出了显著的技术优势，下面详细介绍这些优势。

（一）支持智能合约

区块链 2.0 不仅是一个技术平台，更是一个多功能应用平台，用户在此可以自由发布和管理各种智能合约。这些智能合约能够与多个外部 IT 系统进行有效的数据交换和处理，从而支撑起多种行业的应用需求，为业务提供更广阔的发展空间。

（二）适应大部分应用场景的交易速度

区块链 2.0 通过引入了 PBFT（实用拜占庭容错）、PoS（权益证明）、DPoS（委托权益证明）等一系列新颖的共识机制，显著提升了处理交易的速度。其峰值交易速度已经突破了 3 000 TPS（每秒交易数），超出了比特币的 7 TPS，已足以应对大多数金融领域的应用场景。

（三）支持信息加密

区块链 2.0 因为支持完整的程序运行，可以通过智能合约对发送和接收的信息进行自定义加密和解密。所以能达到保护企业和用户隐私的目的，同时零知识证明等先进密码学技术的应用也进一步推动了其隐私性的发展。

（四）无资源消耗

相对于比特币网络每天超过 2 000 MWh 的巨大能耗和资源消耗，区块链 2.0 采用的新型共识算法如 PBFT、DPoS 和 PoS 等，极大地减少了对算力的需求。这些技术创新不仅没有浪费资源，还可以实现绿色安全地部署在企业的信息中心，显著降低了运营成本。

三、区块链 3.0：分布式应用

区块链 2.0 时代主要有以下特征：主要集中于特定对象（比如合同的双

方）；交易主要以特定资产为标的（如房产、知识产权、汽车等的所有权或其他权益）；交易范围还比较有局限性，低频次、窄领域。区块链 3.0 主要是要解决 2.0 时代应用领域局限性的问题。

从技术角度上看，以太坊的出现可视作区块链 1.0 和 2.0 的分界线，是因为以太坊的 TPS 较比特币有了很大的提升，从每秒 7 个的交易处理能力，提高到了每秒 15 个左右。但以太坊的 TPS 依然难以满足区块链技术真正落地应用的需求，TPS 低容易造成网络拥堵，在当前的信息社会中基本不具备广泛的实用价值。因此，引领区块链进入 3.0 时代的项目一定在性能上较以太坊有大幅度提升。

区块链 3.0 是指区块链在金融行业之外的各行业的应用场景，其能够满足更加复杂的商业逻辑。区块链 3.0 被称为互联网技术之后的新一代创新技术，足以推动更大的产业改革。

区块链 3.0 被誉为价值互联网的核心架构。这一技术能够在互联网环境下对代表价值的信息和数据进行明确的产权确认、详细的计量及安全的存储。通过这些功能，资产能在区块链上进行追踪、控制以及交易。价值互联网的关键在于，区块链技术构建了一个覆盖全球的分布式记账系统。这个系统不仅能记录金融行业的各种交易，还能记录几乎所有可以通过代码表达的有价值事物，如对共享汽车的使用权、信号灯的状态、出生和死亡证明、结婚证、教育程度、财务账目、医疗过程、保险理赔、投票、能源。随着区块链技术的不断进步和发展，其应用场景也在不断扩大，可以服务于审计公证、医疗保健、选举投票、物流管理等多个领域，最终可能扩展至社会的各个层面。

区块链 3.0 可以实现自动化采购、智能化物联网应用、虚拟资产的兑换和转移、信息存证等应用，也可以在艺术、法律、开发、房地产、医院、人力资源等各行各业发挥作用。它将不再局限于经济领域，可用于实现全球范围内物理资源和人力资产的自动化分配，促进科学、健康、教育等领域的大规模协作。区块链技术可以弃用造成中间成本的私有信用机构，让价值交换双方直接关联，它将改变整个社会业态（见图 1-2-3）。

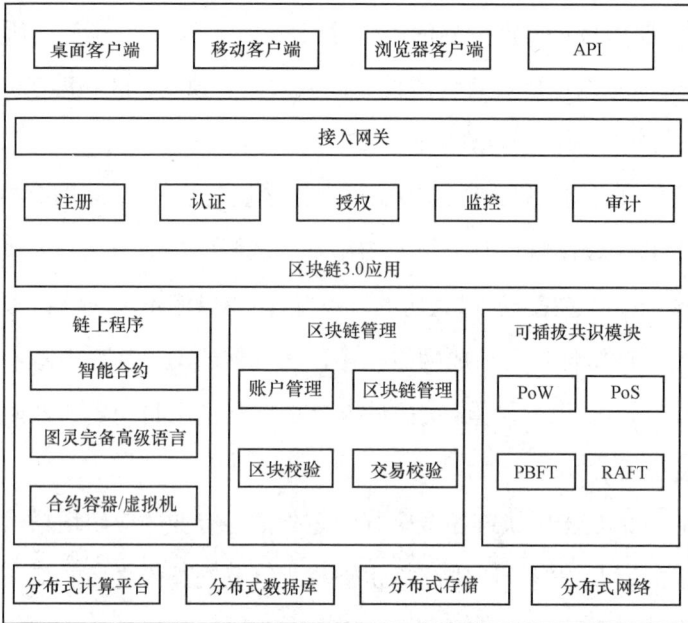

图 1-2-3　区块链 3.0 基本架构

在这一发展阶段中，区块链技术将不再局限于金融行业，而是将向社会公证和智能化领域扩展（即所谓的区块链 3.0）。区块链 3.0 技术被主要应用于社会治理方面，涉及身份认证、公证服务、仲裁程序、审计活动、域名管理、物流系统、医疗信息、电子邮件、签证处理及投票机制等多个方面，其应用的广泛性使得区块链技术有潜力成为支撑"万物互联"背后的一种基础协议。

此外，区块链技术不只是在数字货币领域表现出色，它还在更广泛的经济、金融及社会系统中展现了多样的应用潜力。这种技术的多样性和适应性让它在现代社会的各个领域中都能找到应用场景，展示出其巨大的发展前景。考虑到区块链技术在现代社会的多种潜在应用场景，我们可以将其主要应用细分为六大类：数字货币、数据存储、数据鉴证、金融交易、资产管理及选举投票。

（1）数字货币。以比特币为典型代表的数字货币，是通过一个分布式网络系统生成的。这种货币的发行并不依赖于任何中央权威机构，从而使其在全球范围内具有独特的可接受性和应用价值。

（2）数据存储。由于区块链技术具备高冗余存储、去中心化、高安全性及隐私保护等显著特性，它非常适合于存储保护那些需要高度保密的重要数据。这些技术特性有效避免了中心化机构可能因遭受黑客攻击或权限管理失当而导致的数据大规模丢失或泄漏问题。

（3）数据鉴证。区块链中的数据是带有时间戳的，需要通过网络中的共识节点共同验证和记录，其数据一经记录便无法被篡改或伪造。这使得区块链技术在数据公证和审计方面有着广泛的应用前景，例如，政府机构可以利用区块链技术永久并安全地存储许可证、登记表、执照及各类证明和记录。

（4）金融交易。区块链技术与金融市场的高度契合使其在金融交易领域展现出巨大潜力，它可以在去中心化的环境下自发产生信用，并建立一个无国别差异和区域布局中心的全球金融市场。此外，区块链的智能合约和可编程特性可以大幅降低金融交易成本，提高市场效率。

（5）资产管理。区块链技术在资产确权、授权和实时监控方面表现出色。它不仅可以用于无形资产的管理，如知识产权保护、域名管理和积分管理，也可以在有形资产管理方面发挥作用。通过与物联网技术的结合，区块链能够实现数字智能资产的概念，从而在基于区块链的分布式环境中进行资产的授权和控制。

（6）选举投票。区块链技术能够以低成本和高效率实现政治选举和企业股东投票等功能。此外，其在博彩、预测市场和社会制造等领域也有广泛的应用潜力。

区块链未来的发展首先要解决效率低下、能耗高、隐私保护、监管难题等实际面临的问题；其次可能与超级计算、人工智能、大数据采集和分析等领域深度结合，更具备融合性；最后将中心化和去中心化融合到一起，既方便监管监控又能发展足够的分布式应用。

第三节 区块链基础技术

一、分布式账本

随着尖端科技成果的不断涌现，分布式账本技术日益成熟，并在多个领域中展现出其独特的价值和广泛的应用潜力。这种技术从最初的简单账本形式发展到复式记账，再演变为现代的数字化账本，最终演进到如今我们正在深入探讨和研究的分布式账本技术。在账本科技的发展历程中，每一次技术的重大突破都在不同的行业中标志着里程碑式的进展，并不断地在多个层面改变着我们的生活方式。

（一）基本介绍

所谓的分布式账本技术，是指其数据库被分散存放在一个对等网络中的多个节点（即设备）上。在这个网络中，每一个节点都会复制并存储一份与其他节点完全相同的账本副本，并且各自独立进行更新。这种技术的一个核心优势是其去中心化的特性，意味着它并不依赖任何中央权威的管理。通常，在这种分布式账本中，一旦有新的交易更新，网络中的每个节点都会执行这笔交易。随后，所有的节点将通过一种共识机制进行投票，以确定哪一份账本副本是最准确无误的。一旦达成共识，所有其他节点将根据这份被认定为正确的副本来更新自己的数据。这样的机制确保了整个系统的一致性和数据的准确性。在区块链系统中，将数据区块按照时间顺序相连组成逻辑上的链，有着持续增长并且排列整齐的记录。每个区块都包含一个时间戳和一个与前一区块的链接，因此可以将区块链看成一个不断增长的账本。账本可以完全公开，如比特币系统和以太坊系统，也可以在联盟内公开，如 Hyperledger Fabric、Corda、FISCO BCOS 等。

（二）基本特点与分类

1. 基本特点

（1）去中心化

去中心化意味着不依赖于中央处理节点，没有中心化的应用和管理部分，数据库中的数据可以通过多个站点、不同地理位置或者多个机构组成的网络进行分享。

（2）共识机制

根据网络中达成共识的规则，账本中的记录可以由一个、一些或者所有参与者共同维护。网络中的参与者根据共识原则来制约和协商对账本中记录的维护，而无需中心化的第三方仲裁机构的参与。

（3）信息不可更改

在分布式账本技术中，每一项交易都被赋予一个独一无二的时间戳和数字签名，这种设计确保了账本成为整个网络中所有交易活动的可追溯和可审计的记录。对于任何尝试修改账本数据的行为，通常必须通过一种共识机制，与网络中的其他参与者达成一致意见后才能进行，否则修改是不被允许的。这种机制增强了账本的安全性和数据的不可篡改性。

随着科技的快速进步，分布式账本技术的应用需求持续上升。从电子计算机的诞生开始，数字化的记录方式因其高效率和便捷性，逐渐成为记账的主流方法。数字化账本不仅大幅提升了大量数据记账的效率，还能有效避免人工录入过程中的错误，极大地加快了账本处理的速度。尽管数字化账本在操作中减少了错误的可能，但其依然是一种中心化的记录形式。采用分布式系统的理念，通过多方参与者共同维护一个统一的分布式账本，不仅能有效地串联起交易的各个环节，还能利用分布式技术进一步增强账本的安全性和可靠性。这种创新的技术应用在提高交易的透明度和信任度方面发挥了重要作用。

根据分布式账本的定义，可以简单地设计出一个分布式账本（见图 1-3-1）。其中 A、B、C、D、E 代表参与方，其对应的账本分别为 a、b、c、d、e 等。从图中可以看出，所有参与方都可以对账本进行更改与维护。如果所有参与方均可以按照其共同约定进行账本信息的更改与上传，则该账本具有可信性，各参与方也可以正常工作；但如果有参与方违反约定，进行恶意操作，随意更改数据，账本将不具有可信性。

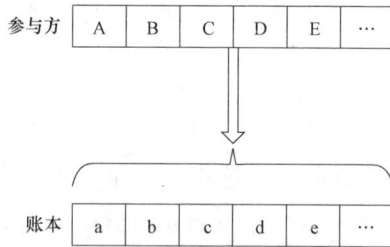

参与方 | A | B | C | D | E | ...

账本 | a | b | c | d | e | ...

图 1-3-1　简单分布式账本示意图

为了防止上述情况发生，需要对简单分布式账本进行更改，加入验证机制，对发生过的交易进行校验，引入数字摘要，形成一种不可随意篡改的分布式账本（见图 1-3-2）。当新的交易信息被添加到账本上时，参与者可根据历史账本信息对新加入的信息进行验证，一旦新写入的信息不符合验证，各方参与者便可以发现错误信息，同时可以确定信息位置。虽然此分布式账本解决了交易信息被随意篡改的问题，但是不可扩展的缺陷仍是一个不可避免的严重问题。由于每次验证都需要对所有信息进行计算，随着账本中信息数

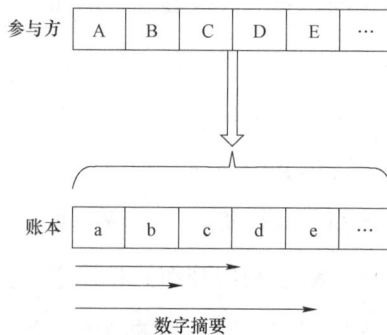

参与方 | A | B | C | D | E | ...

账本 | a | b | c | d | e | ...

数字摘要

图 1-3-2　防篡改分布式账本示意图

量的增加，进行验证的成本将不断增加，因此，这种账本对于数据量大的账本并不适用（A、B、C、D、E代表参与方，a、b、c、d、e代表账本，→代表数字摘要验证区间）。

　　为了解决大数据量账本的问题，对图 1-3-2 的账本进行进一步改进，得到新的账本模型（见图 1-3-3）。每次验证数据的准确性时，保证从头开始到验证开始位置数据的准确性。因此，每次加入新的交易信息时，只需要对部分历史交易信息进行验证即可，这样既解决了信息篡改的问题，同时也解决了数据的扩展问题，能够对大数据量的账本进行操作。这种分布式账本结构即为区块链结构（A、B、C、D、E代表参与方，a、b、c、d、e代表账本，→代表数字摘要验证区间）。

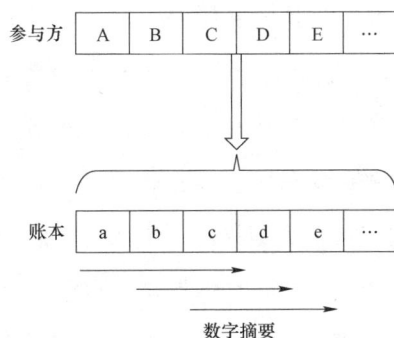

图 1-3-3　区块链分布式账本示意图

2. 分类

　　目前，常见的分布式账本技术主要包括三种类型，分别是 Hyperledger Fabric、R3 Corda 及以太坊。在国内，有一家颇具影响力的开源社区，即由中国区块链技术和产业发展论坛发起的分布式应用账本（DApp Ledger）开源社区，该社区重点孵化了 BCOS 这一开源项目。下面，我们将对这四种典型的开源底层平台进行一番简要的介绍和对比分析。

　　以太坊（Ethereum）是一个开放源码的智能合约功能公有链平台。它的数字货币是以太币（Ether），并提供一个分散化的执行环境，即 EVM（Ethereum

Virtual Machine），这使得点对点合约的处理成为可能。以太坊由维塔利克·布特林（Vitalik Buterin）提出，采用 Solidity 语言来开发智能合约。其共识机制是工作量证明（Proof of Work），在交易执行过程中，需要消耗一定的 Gas。如果 Gas 耗尽，操作会自动回滚。此外，交易的打包优先级由 Gas 的价格决定，价格越高，交易越早被打包进区块中。

Hyperledger Fabric 是由 Linux 基金会发起创建的开源区块链分布式账本，可用于全球供应链管理、金融交易、资产账户和去中心化的社交网络等场景，但无意以此来构建一种加密货币。每个交易都会产生一组资产键值对，可利用公司自带的身份管理功能，硬件安全模块（HSM）支持保护和管理数字密钥，数据格式是 json，数据库 CouchDB 支持富格式和富数据查询。

Corda 由分布式账本创业公司 R3CEV 开发，应用于商用 DLT 平台，使用 Kotlin、Java 语言，能够进行并行交易。Corda 舍弃了每一个节点都要验证和记录每一笔交易的账本全网广播模式，仅仅要求每一笔交易的参与方对交易进行验证和记录。这样做的好处主要是解决了分布式账本技术在商业化应用中非常敏感的两个问题：极大地提高了交易的吞吐能力，避开了共享账本能否保证交易数据私密的争议。同时也带来了问题，即如何避免"双花"。在比特币和以太坊等区块链平台上，由于每个节点都拥有整个账本的副本，所以要解决双花问题很容易。Corda 为解决双花问题，引入了 notary 机制，简单来说就是在 notary 节点之间形成更广泛的共识，而 Corda 上的每一笔交易都需要通过至少一个 notary 节点的验证。

BCOS 由微众银行、万向区块链、矩阵元联合开发建设。金链盟开源工作组在此基础上，聚焦金融行业需求，进一步深度定制发展为 FISCO BCOS。BCOS 和 FISCO BCOS 皆已开源并互通，截至 2018 年年中，BCOS/FISCO BCOS 开源社区实名用户已有 1 100 余人，有 70 家企业在预研或开发阶段，10 家已经实现应用上线。下表对典型开源底层平台进行了对比（见表 1-3-1）。

表 1-3-1 典型开源底层平台对比

	以太坊	Hyperledger Fabrle	R3 Corda	FISCO BCOS
平台类型	公有链	联盟链	商用 DLT 平台	联盟链
治理	基金会	基金会	R3CEV 公司	微众银行、万向区块链、矩阵元、金链盟开源工作组等
权限管理	非授权	授权	授权	授权
共识算法	工作量证明（账本级）	0.6 版本支持使用拜占庭容错算法（交易级），1.0 及以后版本支持 Solo（单节点共识）、Kafka（分布式队列）和 SBFT（简单拜占庭容错）	公证人（交易级）	PBFT/RAFT
智能合约开发语言	Solidity	Go、Java	Kotlin、Java	Solidity
可扩展性	正在开发分片（Sharding）模型	支持通道设计，区分不同的业务	可并行交易，采用多公证人提升性能	多群组架构，多链平行扩展，支持跨链调用
隐私保护	暂无	用通道隔离不同的业务，1.0 版本后引入了私有状态和零知识证明	采用 Merkle 树结构隐藏交易细节	数据脱敏，分级隔离，并实现了零知识证明、群签名、环签名、同态加密等

　　Hyperledger 开源社区自 2014 年成立以来，其会员数量从最初的 30 多家快速增长至 2018 年 8 月的 250 多家，这一增长体现了开源技术在全球范围内的广泛接受和实施。从公开的数据来看，Fabric1.0 版本吸引了 27 个不同的组织和 159 名开发者共同参与到项目代码的贡献中。此外，自 2017 年 BCOS 平台开源以来，它已吸引了包括微众银行、万向区块链和矩阵元在内的初始成员。在此基础上，BCOS 的金融分支——FISCO BCOS 是在金融区块链合作联盟（金链盟）的领导下，与其他九家机构共同努力下成立的，目前金链盟的机构成员已经超过一百家。同时，Corda 的开发和扩展由 R3 联盟主导。该联盟最初由 42 家机构成员组成，目前已扩展到超过 200 家。以太坊社区则展现了全球化的合作精神，其核心开发团队涵盖了 400 多名开发者和密码学专家。随着企业市场对区块链技术的需求日益增长，以太坊企业联盟（EEA）也

于 2017 年成立，起初仅有 30 家成员机构，而现在已有超过 500 家机构加入。

在成员数量显著增长的同时，社区内的参与者角色也变得日益多样化。社区成员不仅包括开发者，还有基于这些开源平台产品开发各种商业应用的企业和个人，如投资人、集成商、应用开发者和第三方安全审计公司等。随着包括去中心化应用（DApp）在内的应用生态的不断繁荣，对开源软件平台的版本更新及功能优化分析表明，开发社区正专注于提升产品的易用性、隐私保护、可扩展性、安全性及整体架构的优化等关键方向。

（1）为了提升软件的易用性，开源社区的迅速扩张带来了对软件部署、配置、应用开发及日常运维的更高标准和需求。为了应对这些挑战，众多平台对开发工具、部署工具、数据查询与统计分析工具及系统运维工具等进行了深入开发与持续改进。这些平台的目标是通过降低使用门槛和显著提高开发效率，更有效地满足开发者社区的广泛需求。

（2）在隐私保护方面，针对商业应用中对商业数据、机构及个人信息的极端隐私需求，多个平台通过架构优化和应用先进的密码学技术，提供了层次分明的隐私保护措施。具体来说，Fabric 在其 1.0 版本中引进了私有数据功能，并在后续的 1.3 版本中实施了零知识证明技术，以确保用户身份保持匿名和不可追踪。此外，BCOS/FISCO BCOS 平台引入了可监管的零知识证明、环形签名、群体签名及同态加密等先进的隐私保护算法。尽管在这一领域，理论和实践都极为复杂且充满挑战，但相关平台仍在积极探索和演化，以在全面性和性能效率等方面实现新的突破。

（3）关于可扩展性，不同平台根据其特定的架构特点提出了多种扩展方案。例如，Fabric 采用基于通道的设计，允许不同机构根据业务需求加入特定的节点，并通过不同通道分散业务处理。BCOS/FISCO BCOS 则采用平行多链架构，这不仅支持更高的业务并发处理能力，还实现了不同链之间的跨链通信。以太坊目前正在开发基于类似 DPoS 的共识机制，并且推动侧链与分片技术的研究和开发。随着应用场景的多样化及链的使用者和使用频率的增加，各平台必须不断演进，逐步集成跨链、侧链和分片技术，以应对更大规模网络的需求，并满足更广泛的互联互通需求。

（4）在安全防护领域，面对许可链的社区广泛推崇并认可的是建立在PKI 体系基础上的身份验证和权限控制措施。这些社区在身份确认、网络安全、数据保护及交易规则等多个方面持续实施严格的安全策略，并且不断地丰富和细化使用各种证书的方法，确保安全措施的有效性。相比之下，公有链则主要面临诸如网络攻击、智能合约的漏洞及恶意的区块链分叉等一系列安全挑战。这些挑战促使以太坊等公有链社区不断深入审查和修复合约引擎与代码的漏洞，同时也通过社区治理机制来决策和处理因安全漏洞所导致的资产损失。

（5）在整体技术架构的设计方面，区块链社区普遍倾向于采用一种插件化和高度可扩展的设计方案。这样的体系结构使得区块链平台可以灵活地支持多种共识算法、加密算法及存储引擎，并且能够兼容多个版本的网络协议，从而促进技术产品的快速进化和提升平台的灵活性。例如，Fabric 平台支持包括 Solo（单节点共识）、Kafka（分布式队列）、SBFT（简单拜占庭容错）在内的多种共识算法，其状态数据库还可以选择使用 Level DB、Couch DB 或其他 Key-Value 型数据库。同样，BCOS 及 FISCO BCOS 平台支持 PBFT 和 Rat 共识算法，并能够使用 Level DB 或分布式关系型数据库。在中国商业环境中，国密算法的需求也能通过这种插件化的方式得到有效的支持和实现。

二、加密技术

若某一公司开发了一款软件，该公司可以在该软件流入市场时设定软件只能单机或单用户使用，并设定诸多的使用权限。因而只有当用户条件全部符合使用权限时，该软件的用户才能使用该软件产品；换言之，即使用户下载并安装了该软件，但若没有被分配授权或授权无效，那该用户也是不能使用软件产品的功能的。这意味着如果该公司的授权被其他第三方破解后，软件可以无需经过该公司允许而被随意地复制和使用，甚至可能被不法第三方冠名以另一产品的名称，并以远远低于原产品市场售价的形式流通于市面，对投资巨额资金开发该产品的软件开发公司造成不可估量的经济和利益损失。由此可见授权加密的重要性。

（一）基本介绍

为了确保账本在完整性、公开性、隐私保护、不可篡改及可校验性等方面的一系列要求得以满足，区块链技术在很大程度上依靠加密技术。这种技术的应用不仅仅限于加强账本的安全，同时也确保了数据传输过程中的安全性和隐私保护。加密技术在电子商务中扮演了一个重要的角色，它是实现信息安全的首选技术之一。通过技术手段，它可以将敏感数据加密成无法直接阅读的格式，然后在数据到达预定目的地后，再通过特定的技术手段进行解密恢复原貌。这种技术的使用非常广泛，不仅在电子商务中，在虚拟专用网络（VPN）、通信以及数据存储领域都有深入的应用，因其良好和可靠的保密效果，赢得了众多用户的青睐和信赖。

（二）基本特点与分类

加密技术涵盖了两个核心组成部分：加密算法和密钥。具体来说，加密算法是一种将普通文本（即可理解的信息）与一系列数字（称为密钥）相结合的方法，其目的是生成无法直接理解的密文。密钥则作为一种特定的参数，在明文转换为密文或者密文还原为明文的过程中，作为算法的输入参数使用。在维护网络通信安全的过程中，采用合适的密钥和加密技术以及严密的管理机制是至关重要的。基于密钥的加密技术可分为对称密钥体制和非对称密钥体制两大类。从数据加密的技术角度看，这两种方式分别被称为对称加密和非对称加密。其中，对称加密的代表性算法是数据加密标准（Data Encryption Standard，DES），而非对称加密则通常以 RSA（Rivest Shamir Adleman）算法为代表。在对称加密中，加密和解密使用的是同一密钥；而在非对称加密中，加密密钥与解密密钥则是不同的。

　　对称加密技术采用了对称密码编码的方法。这种技术的特点是，加密和解密过程使用的是同一个密钥，即同一密钥既能加密数据也能解密数据。这种加密方法在密码学界被称为对称加密算法，对称加密算法具有操作简单、速度快、密钥长度较短且安全性较高的优点。除了数据加密标准（DES）之外，另一个著名的对称密钥加密系统是国际数据加密算法（International Data Encryption Algorithm，IDEA）。IDEA 在加密效力上超过了 DES，并且对计算机的性能要求相对较低。此外，IDEA 加密标准也被著名的 PGP（Pretty Good Privacy）隐私保护系统所采用。

　　在 1976 年，美国的学者惠特菲尔德·迪菲（Whitfield Diffie）和马丁·赫尔曼（Martin Hellman）应对信息安全领域中公开传输和密钥管理的多项挑战，设计并提出了一种创新性的密钥交换协议。该协议的设计初衷是为了使通信的双方能够在不安全的传输环境中，依然能够交换信息，并且安全地生成一个共识的密钥。这项技术后来被广泛认知并称为公开密钥系统，它属于非对称加密算法的一种表现形式，其原理和传统的对称加密算法有着根本的区别。对称加密算法的特点是加密和解密过程使用同一个密钥，而在非对称加密算法中，加密和解密过程则各自需要一个独特的密钥：公开密钥（Public Key）和私有密钥（Private Key）。这一对密钥互补使用，其中公开密钥负责数据的加密工作，而对应的私有密钥则用来进行数据解密；同样地，如果数据是用私有密钥加密的，则只有相应的公开密钥能够解开加密。这种加解密机制大大增强了数据的安全性，使得非对称加密算法在保护敏感信息方面具有更高的安全保障。为了更好地理解非对称加密的原理，我们不妨借用一个现实生活中的例子来形象化其工作过程：设想一个常规的保管箱，无论是锁定还是解锁，都只需使用同一把钥匙，这与对称加密的原理类似。相对地，对于一个设有特殊锁的公用邮箱，任何人都可以投递信件，这类似于公开密钥的作用；而只有持有特定钥匙的邮箱主人能够开启邮箱取信，这便是私钥的功能所在，这样的安全机制让非对称加密算法在当今世界的通信安全中起着至关重要的作用。

非对称加密技术工作流程（见图1-3-4）。A想要给B发信息，首先对信息用公钥进行加密处理，形成密文，进行传输；接收者通过私钥对密文进行解密，得到明文信息输出。加密技术在生活中有广泛的应用，如在网络银行或购物网站上，因为客户需要输入敏感消息，浏览器连接时使用网站服务器提供的公钥加密并上传数据，可保证只有信任的网站服务器才能解密，不必担心敏感个人信息因为在网络上传送而被窃取。

图1-3-4　非对称加密技术

在非对称加密中，为了保护隐私，通过签名和验签完成权属证明流程。在加解密过程中发送者用私钥加密，即签名；接收者用公钥解密，即验签。

（三）哈希函数

1. 哈希函数的基本介绍

在区块链技术中，账本的数据主要依赖于通过父区块的哈希值来形成一个链式结构，从而确保了信息的不可篡改性。在计算机科学中，"哈希"（Hash）这一术语通常被翻译为"散列""杂凑"，或直接音译为"哈希"。这种技术涉及将任意长度的输入数据（也被称为预映射，即pre-image）通过一个特定的散列算法处理，转换成一个固定长度的输出结果，这个结果就是我们所说的散列值。简单来讲，哈希是一种特殊的函数，其功能是将一个任意长度的消息压缩成一个固定长度的消息摘要。以比特币为例，使用的是SHA256算法，它是安全散列算法2（SHA-2）下细分的一种算法，其哈希值长度是256个二进制的字符串，以十六进制数字表示时字符串的长度为64位，如"区块链"的SHA256信息摘要为：

6E3110B33188C7A3056CB91E4C35EFE609E8E565DD560300502403EBDE626196

公式表示形式： $h = H(m)$

式中：m——任意长度消息（不同算法实现时长度限制不同。有的哈希函数如 SHA-3，不限制消息长度；有的哈希函数如 SHA-2 限制消息长度，但即使有限制，长度也非常大，可以认为是任意长度）。

H——哈希函数。

h——固定长度的哈希值。

2. 哈希函数的基本特点

一个高质量的哈希算法应具备以下关键特性：正向快速计算、逆向计算困难、对输入数据高度敏感、强大的抗碰撞性。具体来说：

（1）正向快速计算：所谓正向快速计算，是指该算法能够在接收到输入数据后，迅速而高效地计算出相应的哈希值。这意味着在数据从输入到输出的转换过程中，计算速度极快，几乎在瞬间完成。

（2）逆向计算困难：哈希算法的一个核心安全特性是逆向计算的困难性。这指的是，即便拥有哈希值，也难以在短时间内推导出原始的输入数据。这种计算上的难度构成了哈希算法的安全防护基石。

（3）输入数据的高度敏感性：输入敏感指的是即便输入数据仅发生了极微小的变动，经哈希算法处理后产生的哈希值也会与原始数据所得哈希值产生显著差异。这种特性确保了无法仅通过比较不同哈希值来推测原数据具体如何变化，同时这也是验证两组数据是否一致的有效手段之一。

（4）强抗碰撞性。不同的关键字可能得到同一散列地址，即 key1≠key2，而 $H(key1) = H(key2)$，这种现象称为碰撞。不同的输入数据理论上可能产生相同的输出哈希值，这种情况称为"碰撞"。哈希算法设计之初，就要尽可能降低这种碰撞的概率。虽然理论上由于输出位数有限而输入数据无限，所以完全无碰撞的哈希算法是不存在的，但只要确保发生碰撞的概率极低，这样的哈希算法仍然是可靠和安全的。优秀的哈希算法应保证即使碰撞发生，寻找到造成碰撞的输入数据的代价也远远高于从中获得的任何潜在利益。

哈希算法拥有一些核心特性，这些特性确保了区块链系统的不可篡改性。具体来说，区块链中所有的数据都会被通过哈希算法处理，以生成一个独特的哈希值。这个哈希值具有不可逆性，即不能通过哈希值反向推导出原始的区块数据。因此，区块链中的每一个区块都可以通过其哈希值被唯一且准确地标识。此外，区块链中的任何节点都能通过对区块数据进行简单且快速的哈希计算，来验证或确认数据的哈希值，整个计算过程的流程如图 1-3-5 所示。

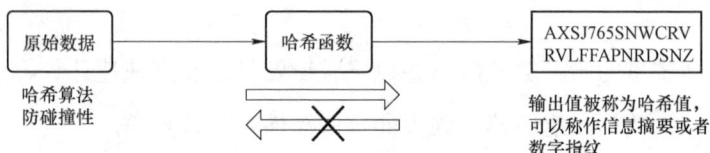

图 1-3-5　哈希函数

3. 哈希函数的防篡改特性

区块链的每个区块头都嵌入了前一区块的哈希值，通过这种方式，哈希值相互链接，层层递进，从而将整个区块链有效地串联在一起，这一结构确保了自区块链创建之日起包含的所有交易记录的完整性。由于每个区块都与之前的区块紧密相连，因此要想篡改区块链中的任何一笔交易，就必须修改该交易区块以及所有后续区块的哈希值，这涉及的计算量是巨大的。如果要进行数据的篡改，必须伪造交易链，保证连续伪造多个交易，同时使得伪造的区块在正确的区块产生之前出现。只要网络中的节点足够多，连续伪造的区块运算速度超过其他节点就几乎是不可能实现的。另一种伪造区块链的方式为某一方控制全网超过 50% 的算力。因为区块链的特点为少数服从多数，一旦某一方控制全网超过 50% 的算力，即可篡改历史交易。但是，在区块链中，只要参与的节点足够多，控制全网超过 50% 的算力就几乎是不可能做到的。如果某一方真的拥有全网超过 50% 的算力，那么这一方实质上就是获得利益最多的一方，为了自身的利益，该方必定会维护区块链的真实性。

4. 哈希函数的快速检测

在区块链中，除了哈希函数具有防篡改的特性外，基于哈希函数构建的 Merkle 树，还可以实现内容改变的快速检测，也在区块链中发挥着重要的作用。Merkle 树是由拉尔夫·默克尔（Ralph Merkle）提出的一种用于验证数据完整性的数据结构。

Merkle 树，一种核心的哈希树结构，广泛应用于区块链技术中。在区块链中，Merkle 树主要用于表示一个区块中所有交易信息的集合哈希值。这种树状结构典型地包含了交易数据库的底层数据、区块头中的根哈希值（Merkle 根），以及连接底层交易数据至根哈希的所有分支路径。Merkle 树的构建过程通常涉及将区块体内的交易数据分组进行哈希处理，随后将得到的新哈希值加入 Merkle 树中，这一过程递归进行，直到最终形成单一的根哈希值，该值被标记为区块头的 Merkle 根。在众多 Merkle 树的变体中，最为常见的是比特币使用的二叉 Merkle 树，该结构中每一个哈希节点都包括两个相邻的数据块或者它们的哈希值；其他的变种，如以太坊采用的 Merkle Patricia Tree，也具有其特定的结构与功能。Merkle 树具备多种优势，如能够支持简化的支付验证协议。这意味着即便在不运行完整区块链网络节点的情况下，也可以对交易数据进行有效的核验。具体而言，对于包含 N 个交易的区块体，确认任意单一交易的算法复杂度仅为 $\log_2 N$。这一特性显著降低了区块链运行所需的带宽，缩短了数据验证所需的时间，并使得只需存储部分相关区块链数据的轻量级客户端变得可行。

在 Merkle 树的结构中，每个叶子节点代表了数据集合中的一个单元数据或其哈希值。根据 Merkle 树的设计原理，要判断两份文件是否一致，仅需对比它们的根哈希值。如果需要进一步探究两份文件的差异，我们可以从根哈希开始，对比左右子树的根哈希值。如果左子树的根哈希值存在差异，那么差异便源自左子树中的数据；同理，如果右子树的根哈希值不同，差异便来自右子树。通过逐渐加深比较的层级，我们能够逐步定位到具体的不同数据块，并最终精确地识别出被篡改的交易信息。

在实际的技术应用中，利用 Merkle 树的这一特性，可以实现在不需要下载全部数据的情况下找出差异数据块。特别是在数据访问带宽较低的环境下，如 P2P 网络下载场景中，这种方法可以快速比较出缺失的数据部分，大幅减少重复数据的下载量。因此，在网络传输速度受限的情况下，Merkle 树的运用显著提升了系统的数据交互效率，优化了整个数据传输过程。

（四）数字签名

数字签名，又称公钥数字签名，其核心与纸质的传统签名相似，但引入了先进的公钥加密技术以确保实现，这项技术的基本目的是验证电子数据的真实性。在数字签名的技术体系中，它主要涉及两个互补的过程：签名生成和签名验证。具体而言，数字签名实质上是一串独特的数字代码，只有数据的原始发送者有能力创造出这样的代码，而其他人则无法模仿。此外，这一数字序列也能够清晰地证明数据来源的真实性。

此外，这种数字签名机制还广泛应用了非对称密钥加密技术和数字摘要技术。在这种系统设计中，每个参与者都被分配了一对关键的密钥：私钥与公钥。私钥是仅供信息的发送方持有，用以生成数字签名，而对同一数据，每次生成的签名都是唯一的，从而保证了签名的不可重复性和独特性。数字签名通常会作为一个附加信息加在原始信息之上，使得任何信息的接收者都能通过这个签名来验证信息发送者的真实身份。而公钥是对外公开的，它可以被任何人使用来确认签名的合法性。

数字签名的具体流程（见图 1-3-6）如下：（1）发送者对原始数据通过哈希算法计算数字摘要，并且发送者使用非对称性密钥中的私钥对数字摘要进行加密，形成数字签名；（2）发送者将数字签名和原始数据一同发送给验证签名的接收者。

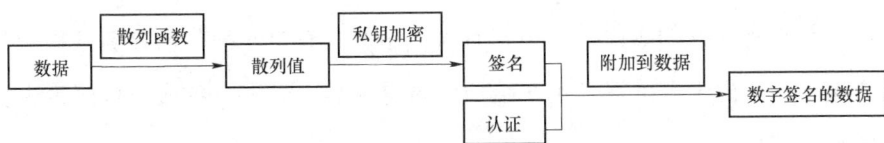

图 1-3-6　签名过程示意图

验证数字签名的具体流程（见图 1-3-7）如下：（1）接收者首先要具有发送者的非对称性密钥的公钥；（2）在接收到数字签名与发送者的原始数据后，先使用公钥对数字签名进行解密处理，得到原始的摘要值；（3）接收者对发送者的原始数据用同样的哈希算法计算摘要，将其与解密处理后得到的摘要值进行对比，如果二者相同，则签名验证通过，确认原始数据在传输过程中未经过篡改。

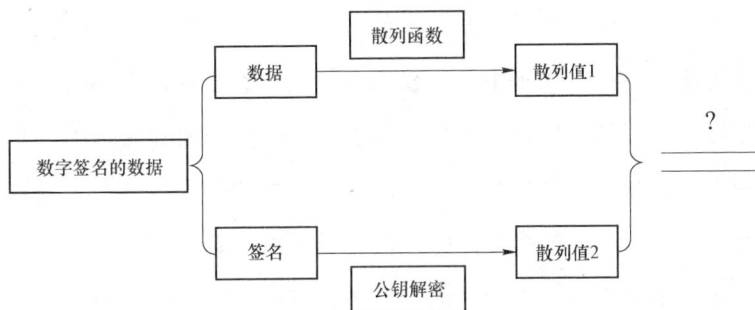

若散列值1=散列值2，则此数字签名验证通过

图 1-3-7　验证过程示意图

（五）多重签名

在数字签名的应用场景中，经常出现多用户需要对同一文件进行签名和认证的情况。在一个多重签名体制中，所有参与签名的相对独立而又按一定规则关联的实体的集合，被称为一个签名系统，签名子系统就是所有签名者的一个子集合。在任何一个签名子系统中，成员们都会依照一个特定的序列关系对文件进行签名，这种序列关系被定义为该签名系统的签名结构。

按照签名结构的不同，多重数字签名可分为两类：有序多重签名，即签名者之间的签名次序是一种串行的顺序；广播多重签名，即签名者之间的签名次序是一种并行的顺序。后来，有人提出了具有更一般化的签名结构的签名方案——结构化多重签名。在结构化多重签名方案中，各成员按照事先指定的签名结构进行签名。

根据不同的签名结构，多重数字签名方案又可进一步划分为有序多重数字签名方案和广播多重数字签名方案。每种方案都有三个过程：系统初始化、产生签名和验证签名。每种方案都包含三个对象：消息发送者、消息签名者和签名验证者。广播多重数字签名方案中还包含签名收集者。

三、共识机制

区块链的信任问题通过分布式账本来解决，而加密技术是区块链数据不可篡改这一特征的技术基础，共识机制则是可以使区块链达成一致性的重要方法。在传统的中心化账本中存在权威中心，各参与者以中心数据为准，对其数据进行复制即可。但是在区块链的去中心化的分布式账本中，并没有这样的权威中心存在，每个参与者都可以进行数据的输入。分布式账本虽然避免了中心化账本所产生的腐败问题，但会引入许多其他问题。比如，参与者来自世界各地不同地区，彼此之间不熟悉，甚至互不相识，参与者可能会上传虚假或恶意数据，企图从中获利，那么如何保证参与者添加的账本数据是正确的、可信的？为了解决这些关键问题，共识机制应运而生。

（一）基本介绍

加密货币广泛采用了基于去中心化原则的区块链技术，这种技术的节点不仅数量众多，而且分布广泛，互不相连，这就要求必须制定一整套周密的规则和程序，以确保整个系统的运行秩序和公正性得到保持。这些规则旨在统一区块链中的数据版本，并对那些提供计算资源、参与维护区块链网络的用户给予奖励，同时对试图破坏系统的恶意行为者施加惩罚。这套制度的核心在于依赖某种方式来核实和确认谁拥有了处理区块链中特定数据块的权限（也称作记账权）。被授权的参与者将会获得对应的奖励，用以激励其继续贡献资源；而那些企图对系统造成损害的个体，则会受到相应的惩罚。这一过程就是所谓的共识机制。

简而言之，共识机制是一个关键的验证流程，它使得我们能够在面对初次见面且完全不了解的人时，通过一定的机制对其进行检验。如果此人成功通过了这一验证流程，那么我们几乎可以断定这个人是值得信赖的。这种机制为区块链技术提供了一种基本的信任框架，确保了其运行的有效性和安全性。

（二）基本特点

区块链可以支持不同的共识机制，但是不同的共识机制需要具有以下两个性质，即一致性与有效性。

（1）一致性指的是，所有诚实的节点所保存的区块链的前缓部分必须是完全一致的。

（2）有效性则意味着，所有诚实节点发布的消息，最终必须被其他所有诚实节点记录并加入各自的区块链中。

（三）评价标准

除了满足一致性与有效性这两个基本特点外，不同的共识机制在区块链上应用时，还会对整个区块链产生其他影响，所以可以从以下四个标准来评价共识机制。

1. 资源消耗

资源消耗是指共识机制在运行的过程中所消耗的资源。共识机制需要利用计算机来达成共识的目的，在分布式账本的各方参与者成共识的这个过程中，系统在计算的过程中会消耗一定量的资源，如内存与CPU等计算资源的消耗。例如，在采用工作量证明（Proof of Work）机制的比特币系统中，网络中的节点需要进行大量的计算工作来挖矿，并通过这种方式提供信任的证明来达成共识，这个过程消耗了大量的计算资源。

2. 性能效率

在区块链上进行的交易，其性能效率是指一笔交易从交易达成、交易数据信息被上传到分布式账本上，一直到上传的数据交易信息通过认证所需要的时间。比较之下，区块链通过其内置的共识机制自行达成交易一致性，而无需依赖第三方平台，这种独立完成交易的能力和性能效率一直是区块链研究领域的焦点。目前每秒最多只能够处理七笔交易数据，这种效率远远不能满足现今区块链的需求，所以提高共识机制交易的性能效率是区块链当前亟须解决的问题之一。

3. 扩展性

在区块链中，扩展性也是在设计的过程中需要重点考虑的问题之一。扩展性是指网络节点的扩展。在区块链中的扩展性主要针对两个部分数量的增加，一是参与者数量，二是交易数量。区块链的扩展性需要考虑参与者和交易数量在增加的过程中，系统能否承载大规模数据量的增加；同时还要考虑在传输大量数据时，网络、设备、端口等其他设施能否保持高效传输，这种能力通常以网络吞吐量来衡量。因此，扩展性也是共识机制优劣的评价标准之一。

4. 安全性

安全性是指区块链是否具有良好的容错能力，例如，能否有效防止双重支付、自私挖矿等恶意攻击。双重支付与自私挖矿是区块链中存在的两种最大的安全问题。自私挖矿是一种针对比特币工作量证明机制的区块链的挖矿策略，简单说就是挖到区块之后先不公布，而是继续挖矿，以后根据策略择机公布。而这种策略，根据研究者们的探讨，实际上会减慢网络验证区块的速度，同时会削弱诚实矿工的盈利能力，而在难度调整之前，这也会对自私矿工本身带来不利影响。除此之外，区块链中还存在其他安全性问题。例如，对交易对象的网络进行攻击，形成网络分区，对交易信息产生阻隔作用；或者通过产生大量的无意义节点，影响系统的安全性。

（四）基本分类

目前，区块链的共识机制主要可以分为四类：工作量证明（Proof of Work，PoW）机制、权益证明（Proof of Stake，PoS）机制、股份授权证明（Delegated Proof of Slake，DPoS）机制、拜占庭容错类（Byzantine Fault Tolerance，BFT）机制。

1. 工作量证明机制

工作量证明（Proof of Work，PoW）机制主要是通过分配一定时间段内的交易信息打包和记账权来实现系统共识的达成，这种机制最初是为了解决网络上的垃圾邮件问题而设计的。在比特币系统中，工作量证明机制的核心操作是利用节点的计算能力来选取负责打包的节点，各个节点需通过计算一个随机生成的哈希散列值来竞争上传数据的权限。在比特币的网络中，此共识机制确保所有参与的节点能够就每一笔待确认的交易达成共识。只有那些完成了工作量证明的节点才有资格生成当前阶段的待定区块，而网络中的其他节点则需在此基础上继续完成工作量证明，以此来生成新的区块。工作量证明机制的基本工作步骤如下。

（1）节点对所有的数据进行检测，将通过验证的数据记录并暂存。

（2）计算节点通过对不同的随机数进行哈希运算，尝试找到符合指定条件的随机数，该过程需要消耗节点自身的算力。

（3）找到合理的随机数后，生成新区块，输入区块头信息后记录其余数据信息。

（4）将新生成的区块对外公布，使得其他节点验证数据信息。经过验证后，将这些数据信息添加至区块链中，这些节点继续进行工作量的证明并继续生成新的区块链。

以比特币区块链为例，验证节点通过对随机数进行运算，争夺比特币的记账权，在进行运算的过程中需要消耗算力等资源，因此验证节点也被称为"矿工"。尝试不同随机数，找寻合适随机数的过程称为"挖矿"。如果说，两个节点在同一时间找到区块，那么网络将根据后续节点和区块的生成情况决定以哪个区块为最终的区块。工作量主要体现在：要找到合理的随机数需要进行大量的尝试性计算，找到合理的随机数是一个概率事件，在找到合理的随机数之前进行了大量的工作。

工作量证明机制在选择计算问题时，必须满足以下三个关键性质以确保系统的有效运作和安全性。

（1）伪随机性。这一特性确保了各节点在进行工作量证明时，寻找到适合的随机数完全取决于节点自身的计算能力。这样做的目的是保证所有参与节点之间的竞争是相对公平的，无外部因素干扰。

（2）难度可控。要根据实际情况，选择难度合适的问题进行计算。如果选择难度过高的问题，会导致计算时间过长，影响效率；如果选择难度过低的问题，会产生分叉，影响系统的一致性。

（3）可公开验证。考虑到区块链技术的去中心化特征，所有节点必须能够通过一些简单而有效的验证步骤来确认每个计算结果的正确性，这种验证机制是确保区块链网络透明度和信任度的关键。

工作量证明机制不仅具备完全去中心化的显著优势，在以此机制为基础的区块链系统中，任何节点都能自由地加入或退出网络；然而，这种机制也带来了一些不可忽视的缺点。

（1）效率低。在工作量证明的区块链中，创建每一个新区块都需要花费相当长的时间；此外，为了确保新区块的有效性，还必须等待后续若干区块的验证和确认，这一过程会进一步拉长时间，从而严重降低了整个系统的运行效率。

（2）消耗与浪费。在工作量证明机制中，实际工作以寻找合适的随机数为主，并不是记录账本数据，这也就导致了用于计算随机数的资源与能量消耗巨大。此过程的计算都是无意义的，是一种浪费，同时达成共识的周期也较长。

（3）算力集中化凸显。由工作量机制的运行原理可知，"挖矿"过程本质上就是比拼算力，自然也就导致了算力集中的问题。目前，普通的单个或者几十台规模的矿机由于算力不足，很难挖到矿，这导致各方需要联合起来挖矿，这些算力集中的地方称为矿池。以比特币的 Ghash 矿池为代表，其算力已经接近比特币算力的一半，这使得其他用户很难获得同样规模的算力来维持自身的安全。

2. 权益证明机制

权益证明（Proof of Stake，PoS）的概念首次被引入是在 2012 年，由一位使用化名 Sunny King 的神秘黑客首创，并通过他推出的加密电子货币 Peercoin 得到实际应用。Peercoin 在其发展早期阶段，采用了工作量证明（Proof of Work，PoW）机制来发行新的货币单位，同时为了维护网络的安全稳定，引入了权益证明机制，这标志着权益证明机制在加密电子货币领域的首次运用。与传统的工作量证明机制不同，权益证明机制不是通过复杂的计算任务来竞争记账权，而是依据各个节点所持有的加密数字货币的数量及其持有时间，来调整寻找特定随机数的难度，实质上是一种以持币量和时间为基础的挖矿游戏。在权益证明的体系中，拥有最高权益的节点（并非计算能力最强的节点）将有机会获得记账的权利。权益证明机制简而言之，便是一个依据每个节点持有的数字货币数量与持币时间，进行利息分配和新区块生成的过程。在此机制下，引入了一个新的概念——币龄，它的计算方式是持有的数字货币数量乘以持币时间。每当一个新的区块被产生时，参与的节点的币龄会归零，并且节点可以通过这种方式获得一定的利息收益。这种机制确保了区块链的运作效率和安全性，由那些经济上更有效益的节点来维持，并且拥有较高币龄的节点在决定下一个区块内容上拥有更大的影响力。

权益证明机制在某种程度上确实缓解了工作量证明机制中存在的资源浪费问题，还缩短了区块生成的时间，从而提高了整个系统的运行效率。尽管如此，权益证明机制在本质上依然依赖于网络节点的挖矿活动，这意味着它并未从根本上克服工作量证明机制所面临的核心问题。此外，当网络的同步性不佳时，权益证明机制可能导致网络上产生多个区块，这些区块很容易形成分叉，进而影响到系统的整体一致性。在这种机制下，如果某些恶意节点成功掌握了记账权利，它们有可能通过操控网络通信来创建网络分区，并向这些分区内发送不同的区块信息，引起网络的分叉。这种情况下，系统可能会面临双重支付的风险，从而严重威胁到系统的安全性。

3. 股份授权证明机制

权益证明机制采用一种固定的算法，该算法能随机选取持有货币的节点来生成新的区块。在这一机制中，节点所持有的币龄越高，其生成新区块的可能性也相应增大。然而，此机制尚未能有效解决区块链技术在安全性和公平性方面的问题。尤其是，那些币龄较高的少数节点主导了新区块的生成过程，这种不平衡的权力分配引发了广泛的关注和讨论。此外，如何能够快速且高效地达成共识，也是这一技术面临的一大挑战。为应对这些挑战，开发者们引入了一种新的共识机制来确保网络的安全性，即股份授权证明（Delegated Proof of Stake，DPoS）机制。这种机制类似于一种董事会的投票制度，内部包含一个复杂的投票系统，股东通过投票来决定重大公司事务。在股份授权证明机制中，每个持币的节点均有权参与投票选举，以选出一定数量的代表节点。这些被选出的代表将代替所有节点执行投票等关键操作，以保障区块链网络的顺畅运行。交易一旦被验证，这些代表节点将获得相应的报酬。此外，如果代表节点在其职责执行过程中出现任何损害区块链网络安全的行为，其他节点可以通过投票的方式撤销其代表资格，并重新选举新的代表来替代。

在股份授权证明机制中，首先要成为代表，这需要在网上注册公钥，然后分配到一个特有的标识符；该标识符被每笔交易数据的头部引用。其次投票选择代表，各节点可以选择多个代表，同时可以实时查询所选择的代表的操作；如果发现代表的表现过差，错过许多区块，那么，可以再次投票选择新的代表。由于最佳区块链是最长的有效区块链，因而如果错过了产生新区块的机会，就意味着已经落后于竞争对手，此区块链会短于竞争对手。

该机制可以及时发现网络分叉的问题，如果交易被写入区块后有51%以上被生产出来，则可以认为是在主区块链上；如果错过了50%以上，则有可能是在支链上。一旦写入支链，就应该停止交易，解决分叉问题。

虽然股份授权证明机制解决了工作量证明机制和权益证明机制的问题，减少了参与记录数据节点的数量，节省了时间，提高了效率，可以达到秒级的共识验证，但是这种共识机制一般无法脱离代币运行，而实际商业应用并不需要代币。因此，股份授权证明机制也不能完全解决区块链在商业中的应用问题。

4. 拜占庭容错类机制

前几种证明机制都将其余所有节点视为对手，每个节点都需要进行计算或提供凭证以获取利益，但是拜占庭容错类（Byzantine Fault Tolerance，BFT）机制希望所有节点共同合作，以协商的方式产生被所有节点都认可的区块。

拜占庭容错类问题首次被提出是在1982年，由莱斯利·兰伯特（Leslie Lamport）等研究者在其发表的论文《The Byzantine Generals Problem》中阐述。这篇论文详细讨论了分布式网络中节点间通信的容错性问题，尤其是在面对可能的节点故障时如何保持网络整体的可靠性。随后，为了解决这一问题，研究者们提出了多种解决方案，这些方案统一被称为拜占庭容错类机制。

在讨论拜占庭容错机制时，一个核心的观点是拜占庭将军问题的解决依赖于系统中拜占庭节点（即可能失效的节点）的比例。具体来说，只有当这些失效节点数量不超过系统中总节点数的三分之一时，才能有效解决拜占庭将军问题。其中，实用拜占庭容错机制（Practical Byzantine Fault Tolerance，PBFT）被广泛认为是一种经典的拜占庭容错解决方案。在 PBFT 模型中，假设网络由 $3n+1$ 个节点组成，系统能够容忍高达 n 个节点的失效，从而保证整个系统在面对节点失效时仍然能维持正常运行，并确保数据的安全与完整性。

实用拜占庭容错机制不仅可以保障区块链的一致性，还能减少不必要的计算资源消耗，大大缩减达成共识的时间，实现秒级的共识速度，从而提升系统效率。此外，该机制允许系统在不依赖代币的情况下运行，使其更适合商业应用。在这种机制下，只有主节点有权限生成并发布新的区块信息，而其他节点则负责验证信息的准确性，有效防止了区块链的分叉现象。

然而，拜占庭容错机制在安全性和扩展性方面仍存在一些挑战，其安全性主要取决于限制失效节点的数量；一旦失效节点超过三分之一，系统将无法正常运作。此外，如果超过三分之一的节点联合起来发布恶意信息，系统的安全性和一致性将受到严重威胁。由于这种机制高度依赖参与节点的数量，因此在节点过多的区块链中应用此机制会导致扩展性问题。如果主节点为了个人利益发布虚假信息或无效的区块，将导致新区块无法产生，不仅浪费时间，还会降低整个系统的效率。

除了上述的四种验证机制，Pool 验证池同样扮演着一个关键角色。此验证池是建立在传统的分布式一致性技术之上，还加入了数据验证机制，一直是区块链技术中一种被广泛采用的共识机制。然而，随着私有链的使用频率逐渐降低，依赖于此机制的情况也随之减少。

Pool 验证池的运作并不需要依赖于任何形式的代币，它是在成熟的分布式一致性算法如 Pasox 和 Raft 的基础上发展起来的。这种算法能够实现快速的共识验证，适用于涉及多方参与的复杂商业模式。相比之下，尽管 Pool 验证池的去中心化程度可能不及工作量证明机制等其他验证方法，但其在某些商业应用场景中的实用性不容忽视。

工作量证明机制、权益证明机制、股份授权证明机制和实用拜占庭容错机制的性能对比见表 1-3-2。

表 1-3-2　常用共识算法性能对比

共识机制	性能效率	资源消耗	容错率/%	去中心化程度	扩展性	一致性
PoW	低	高	50	高	差	差
PoS	较高	低	50	高	良好	差
DPoS	高	低	50	低	良好	良好
PBFT	高	低	33	低	差	良好

现今，对于区块链而言，还没有一种共识机制可以使其各个方面都完美无缺，各种机制或多或少都存在一些缺陷，在"不可能三角"评价体系中，任何共识机制都不能在三个方面都达到最佳状态。因此需要根据该区块链系统需要实现的目标，对比各种共识机制，根据实际需求，选择最适合的共识机制，进行应用。工作量证明机制在去中心化和容错率方面较好，但可用性较低；权益证明机制在节能方面较优，但不够灵活；股份授权证明机制可用性和容错率较高，但去中心化程度较低；实用拜占庭容错机制在去中心化和容错率方面较好，但扩展性较差。

为了更好地应对共识机制在实际应用中将要面临的困难与挑战，采用两种或多种机制相互结合的混合机制，也是解决单种共识机制在某些方面不能够达到完美的有效手段之一。例如，工作量证明机制和权益证明机制结合、权益证明机制和实用拜占庭容错机制结合。

（1）工作量证明机制和权益证明机制结合。2012 年诞生的 Peereoin，采用工作量证明机制发行新币，采用权益证明机制维护网络安全，这是工作量证明机制和权益证明机制结合的典型案例。利用权益证明机制可以减少系统的资源消耗，提高公平性与安全性。简单来说是在该机制中，节点先尝试完成工作量证明，提出新的区块，随后由完成权益证明的节点对新区块进行验证。具体来讲，区块持有节点通过消耗币龄获得利息，同时具有生成新区块和用权益证明机制造币的优先权。但与工作量证明机制的区别在于这一过程是在有限空间内完成的，而不是像工作量证明机制那样在无限区域内随机寻找。

这种混合机制的安全性也会得到提高，可以更好地防止分叉问题，每个区块的交易信息都会将消耗的币龄提供给自身，消耗币龄高的区块将在主链上。因此，对于恶意攻击者来说，必须控制大量的币龄并且同时拥有超过50%的算力，这将大大增加攻击的成本，同时在攻击过程中币龄的消耗也会降低进入主链的概率。

在该混合机制中，只要是拥有币龄的节点，无论数量的多少，都可以进行区块的挖掘，避免了矿池的产生，从而防止算力的集中。

（2）权益证明机制和实用拜占庭容错机制结合。这种混合机制通过权益证明机制限制参与实用拜占庭容错机制节点的数量，可以提高系统的扩展性。具体工作过程如下：通过权益证明机制选出代表节点，提出新的区块；然后通过权益证明机制选出新的代表节点，对新区块进行验证；经过有限次的重复后，通过实用拜占庭容错机制达成一致。这样既解决了权益证明机制一致性差的问题，也解决了实用拜占庭容错机制扩展性差的问题。

由于每种共识机制都在某些方面存在不足，如何将各种共识机制有效地结合，弥补各自的不足，将会是今后共识机制的发展必须解决的问题。

四、智能合约

在交易过程中，往往会涉及多方参与，在传统的交易模式中，各参与方都将交易过程中的数据信息储存在自己的数据库中，但这往往会导致整个过程浪费时间冗余复杂、信息公开透明程度低、效率低下；同时，由于各方信息交流效果差，往往会导致参与各方数据不一致，存在某一方随意篡改数据的可能，相互之间信任度下降。区块链技术的存在可以很好地解决这些问题，智能合约的存在，使各程序按照预先设置好的规则自动完成，数据被篡改的可能性大大降低，同时免去许多烦琐复杂的流程，节省时间，提高效率。

智能合约引入区块链是区块链发展过程的一个里程碑。区块链从最初应用的单一数字货币，到现今融入金融的各个领域中，智能合约一直起着不可替代的重要作用，这些应用几乎都是以智能合约的形式运行在区块链平台上的。

（一）基本介绍

在 1995 年，尼克·绍博（Nick Szabo）首次提出了智能合约（Smart Contract）的创新概念。他将智能合约定义为一组以数字形式呈现的承诺，这些承诺构成了一个协议，合约的各方均可在此框架下执行这些承诺。智能合约，也被称作智能合同，本质上是一种计算机协议，其设计宗旨在于通过电子化手段传播、验证或执行合同内容。这种技术允许各种交易在无需第三方介入的情况下独立进行，不仅确保了交易的可信度，而且保证了其执行的不可逆性和单向性。简单来说，即在满足一定条件的情况下智能合约就可以自动执行计算机程序。举个生活中的例子，我们经常乘坐飞机会购买飞机延误险，但是真正延误之后，"你"可能还要拨打客服电话了解流程、在线下开证明、找保险公司，才能执行完延误险赔付流程。这时候，如果有了智能合约，输入条件，连接航班数据，就能够确保保险公司在航班延误之后自动为"你"打款。合约的执行不需要第三方参与，是自动执行，大大提高了社会经济活动的效率。

（二）智能合约与区块链

智能合约概念产生初期，还没有一个能够良好运行的平台，而区块链的问世，由于其具有去中心化等特性，很好地解决了智能合约运行的诸多问题。例如，确保智能合约一定能够被执行，且不会在执行的过程中被修改。智能合约在区块链上运行，所有节点都会严格按照既定的逻辑执行，如果恶意节点修改了逻辑，但由于区块链存在验证机制，修改后的逻辑就不会被其他节点承认。区块链上的智能合约是在沙盒中的可执行程序，智能合约的各种操作与状态均需要通过共识机制记录在区块链上。由于区块链上的所有交易数据都是公开的，因此智能合约处理的数据也是公开的，任意节点均可查看数据。智能合约与区块链紧密结合、相辅相成：智能合约为区块链提供了应用接口，使区块链可以构建信任的合作环境，它是区块链的核心技术之一；同时，区块链也为智能合约提供了运行的平台。

（三）运行原理与环境

智能合约在区块链平台上的运行涵盖了初始状态、转换规则、触发条件及相应的操作程序。这种合约首先通过上传数据来启动，随后这些数据必须通过一个共识机制进行验证。一旦验证成功，智能合约便开始在区块链系统中执行。此外，区块链技术能够实时监控智能合约的各个运行状态。当区块链上有新数据被上传并且满足了智能合约的特定触发条件时，系统就会按照既定的程序逻辑进行处理。这一过程包括数据的核实，通过共识机制的再次验证。一旦这些数据被核准，它们的输入、运行过程及最终输出都将被详细记录在区块链上，确保了操作的透明性与可追溯性。智能合约运行机制如图 1-3-8 所示。

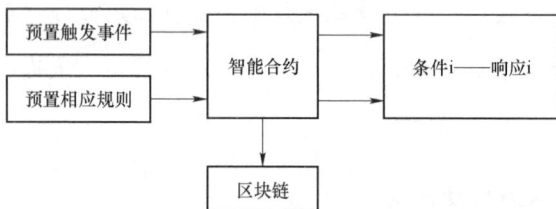

图 1-3-8   智能合约在区块链上运行机制的示意图

智能合约为了确保其安全性，必须在一个与外界环境完全隔离的沙盒中运行。这种沙盒环境能够确保合约的运行不受宿主系统的影响，同时也保证了不同智能合约之间相互独立，防止潜在的干扰和风险。目前，在区块链技术中支持沙盒运行的解决方案主要包括虚拟机和容器两种形式。这两种技术都能有效地实现智能合约在沙盒内的独立运行，确保各个合约之间的隔离，从而大幅提升了系统的整体安全性。

智能合约是图灵完备的语言，具备强大的可编程能力；支持多种数据类型，如 int、string、map、array 等；支持判断、循环、跳转、分支，且可以应对停机问题；支持接口、继承等面向对象的特性。

（四）安全问题

目前，智能合约还存在诸多安全隐患。现实中的合约通常是由具有法律基础的专业人士编写的，但是对于智能合约来说，大多数智能合约都是需由熟悉计算机语言的人员编写的代码，这些人员绝大部分对法律知识知之甚少，因此，编写出的智能合约或多或少会存在一些法律上的缺陷。此外，支持智能合约运行的区块链部分采用 Java 等高级语言编写，这些高级语言会存在一些不确定性，可能会导致分歧，影响系统的一致性。所以，对于智能合约程序的编写一定要慎之又慎，防止上述情况的出现。现今，许多区块链平台都对语言的不确定性进行了改进，比如 Fabric 引入先执行、排序，再验证写入账本的机制；以太坊也只允许各节点使用确定性的语言进行操作。随着区块链技术的不断发展，智能合约的编写会越发严谨与规范，编写人员的协作水平和知识储备量将会得到提升，安全性问题将会得到有效解决。

第四节　区块链技术特性

一、透明可信

在去中心化系统中，网络由多个对等的节点组成，每个节点都具有相同的权利和能力，可以自由地接收或发送信息。这种结构确保了网络内的信息对所有参与者都是公开的。此外，这些节点协作通过一种共识机制来验证和记录交易，确保交易结果的一致性和可靠性。由于这种设计，整个区块链网络对所有参与节点保持完全的透明和公平，确保了系统信息的可信度和安全性。

区块链的这一特性与中心化的系统是不同的，在中心化的系统中存在中心节点、不同节点之间信息不对称的问题。权利都在中心节点手上，但是分配模式使用的是链上结构。这样有一个好处，就是共识这个问题很好解决。中心化最典型的例子就是支付宝，支付宝通过一个中心化的机构，解决了线上交易的支付确认问题。

二、防篡改

防篡改技术主要是指在区块链技术中，一旦某项交易数据在全球网络上被广泛公认并得到共识，随后便被添加到区块链中，这时候该信息就变得极其难以被篡改，这种技术的核心在于确保数据的真实性和完整性。特别是在联盟链中，采用的是 PBFT（实用拜占庭容错）类的共识机制，其设计初衷就是要确保一旦数据被记录在区块链上，就不会被任何恶意节点所更改。这种机制不仅提高了数据安全性，而且增强了网络的抗攻击能力。对于 PoW 类共识算法，篡改难度与花费极大。区块链里包含了自其诞生以来的所有交易，因此要篡改一笔交易就要将其后所有区块的父区块的哈希值全部篡改，运算量非常大。如果要进行数据的篡改，必须要伪造交易链，保证连续伪造多个交易，同时使得伪造的区块在正确的区块产生之前出现。只要网络中的节点足够多，那么连续伪造区块的运算速度超过其他节点几乎是不可能实现的。另一种伪造区块链的方式为某一方控制全网超过 50%的算力，因为区块链的特点是少数服从多数，所以一旦某一方控制全网超过 50%的算力，就可篡改历史交易。但是，在区块链中，只要参与的节点足够多，那么控制全网超过50%的算力几乎是不可能做到的。假定某一方真的拥有全网超过 50%的算力，那么这一方也是获得利益最多的一方，必定会维护区块链的真实性，不可能做对自己不利的事。

三、可追溯

可追溯是指区块链上的后一个区块拥有前一个区块的一个哈希值，就像挂钩一样，只有识别了前面的哈希值才能挂得上去，成为一条完整的链。可追溯性还有一个优点就是便于数据的查询，因为每个区块都有唯一标识。

四、匿名性

区块链技术解决了节点之间的信任问题，由于区块链系统中的任意节点都包含了完整的区块校验逻辑，所以数据的交换和交易都可在匿名的情况下完成。节点之间的数据交换遵循固定且可预测的算法，因此其数据交互是无须信任的，它可以基于地址而不是个人身份来完成，因此交易双方无需公开身份让对方信任，从而保护了用户的隐私。

区块链大多采用非对称性加密，私钥是唯一的身份标识，只要拥有私钥就可参与区块链上的交易，具体哪个节点持有私钥并不是区块链所关注的。因此在比特币系统中，一旦丢失私钥，比特币将会丢失，无法找回。区块链只记录私钥持有者在区块链上进行的交易，并不会记录私钥持有者个人信息，这对节点个人信息起到了较好的保护作用。同时，密码学的快速发展也为用户的隐私提供了更安全、更有效的方法。

五、系统可靠性

系统的可靠性体现在区块链具备出色的容错能力方面。区块链网络中的每个节点都参与到账本的维护和共识过程中，即便某个单一节点遭受故障，整个网络依然能够继续运行不受影响。这一点在比特币网络的运作中尤为显著，无论是节点的增加还是退出，都不会对系统的整体运行造成干扰。此外，区块链技术还支持拜占庭容错机制，这是其核心优势之一。与传统分布式账本系统相比，后者虽然也展现出较高的可靠性，但通常仅能应对节点故障或网络分区的情况。然而，一旦遭受外部攻击，哪怕只有一个节点被破坏，整个传统系统的功能便会受到严重影响。

在分布式系统的分类上，根据系统处理异常行为的能力，可以将其分为崩溃容错（Crash Fault Tolerance，CFT）系统和拜占庭容错（Byzantine Fault Tolerance，BFT）系统。CFT 系统能够应对节点发生崩溃的情况，而 BFT 系统则能够处理更为复杂的拜占庭错误。在这方面，传统的分布式系统大多属于 CFT 类型，无法有效处理拜占庭错误。与之不同的是，区块链系统属于BFT 类型，能够有效应对各种拜占庭错误。这种处理能力得益于其独特的共识机制，如工作量证明（Proof of Work，PoW）机制的容错率为 50%，实用拜占庭容错（Practical Byzantine Fault Tolerance，PBFT）机制的容错率则为33.3%。因此，尽管区块链系统的可靠性不是绝对无误的，但只要共识机制得到满足，系统便能保持必要的可靠性水平。

第五节　区块链技术常见误区

一、分布式与去中心化

区块链已走进大众视野，成为社会的关注点。对于刚刚进入区块链领域的大部分人来说，虽然常常可以听到去中心化，但很难理解区块链的分布式（Distributed）与去中心化（Decentralized）的关系，不知道是否所有区块链都是去中心化的。

去中心化描述了一个广泛分布的系统，其中众多节点各自维持高度的自治权。在这种系统中，节点能够自由地建立联系，进而形成新的连接单元。在去中心化的网络中，任何节点都有可能暂时充当中心的角色，但这样的中心并没有持久的控制权。各节点间的互动通过网络建立起非线性的因果关系。这种系统的开放性、扁平化和平等性构成了所谓的去中心化特征，去中心化并不意味着彻底的无中心，而是允许节点根据自身的选择自由决定跟随哪个中心。在与之相对的中心化模式中，中心对节点有决定性的影响，节点脱离中心则难以独立运作。在去中心化模型中，任何参与者既是节点也可能成为中心，而任何中心的地位都是暂时的，对节点没有绝对的控制力。在计算机科技领域，这种去中心化的结构特征包括了分布式的核算与存储系统，其中没有一个中央节点，各节点享有平等的权利和责任，系统中的数据块由维护功能的节点集体维护，即便单个节点出现故障，也不会影响到系统的整体运作。

区块链技术是一种利用分布式数据存储、点对点传输、共识机制及加密算法的先进计算机技术模式，这种分布式网络存储技术将数据存储任务分散到多台独立运行的机器设备上。采用这种技术的系统具备高度可扩展的结构，通过多个存储服务器共同分担数据存储任务，利用定位服务器来追踪存储信息的位置。这样不仅克服了传统集中式存储系统中单一服务器可能出现的性能瓶颈，还显著增强了系统的可靠性、可用性和扩展性，同时也极大地提升了信息处理和传输的效率。

从技术上说，去中心化和分布式有一定的重合，去中心化采用了分布式网络结构，但是两者仍然存在差别。分布式数据存储是在中心化组织控制下的，只是通过数据分布式存储等做到了架构层面的去中心化，也可以称为"物理区中心"，但从根本上说并不是去中心化的。而我们常说的去中心化，更多是指组织上的去中心化，也就是解决类似中心独裁、抗节点勾结等问题。但是，不得不说，区块链在去中心化的路上还有很多问题有待解决，既包括技术上的难题，也包括与人有关的难题，还包括如何权衡与取舍中心化与去中心化等问题。

去中心化是分布式网络结构中的一种，所有的去中心化都是采用分布式网络结构的，而分布式网络结构可能是中心化的也可能是去中心化的，图1-5-1能够很好地反映中心化、去中心化、分布式、点对点的异同。

去中心化是与区块链技术相生相伴的一个概念，在公链中表现得尤为明显，不同的公链构架都在效率、安全、去中心化三角关系中寻找着平衡，也反映着人类对于社会政治形态的追求和思考，而其相关理论，或许会在区块链发展的众多实践中得到丰富和发展。

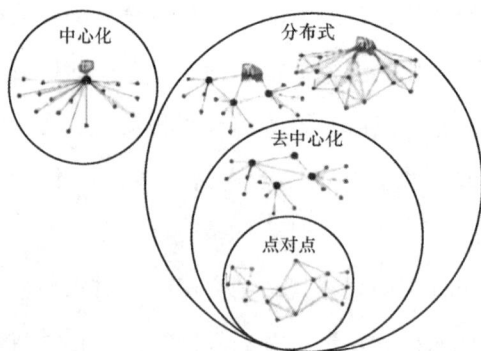

图 1-5-1　中心化、去中心化、分布式、点对点的关系

二、区块链与数字货币

在近年来的技术和金融讨论中，区块链和比特币这两个概念经常被人们混为一谈。实际上，尽管区块链技术最初是从比特币中发展出来的，但这并不意味着区块链与比特币是同一事物。重要的是要认识到，两者在本质上是有区别的。在比特币的英文原版白皮书中，原文其实使用了"chain of blocks"这一表述，而不是现在广泛流传的"block chain"。在最初的比特币白皮书的中文翻译版本中，"chain of blocks"被译为"区块链"，标志着这一术语在中文中的首次出现。

从技术的发展历程来看，区块链技术是基于比特币而来的，它构成了比特币的核心技术和基础架构。虽然比特币作为一种数字货币，是区块链技术的最初也是最成功的应用案例，但区块链技术的应用远不止于此。数字货币的其他关键技术包括移动支付、可信赖的可控云计算服务及先进的密码算法等。正是比特币的广泛流行，才使得更多的人开始深入了解区块链技术的结构和其潜在的广泛应用领域。

区块链本质上是一种新兴的数字记账簿，而这个账簿功能强大，能够记录一定时段的所有交易，并且在全部节点上都进行完整拷贝，即一个"区块"。

区块信息不可篡改，因为无法入侵所有节点。一个个区块首尾相连，就构成了区块链。

数字货币可编程，这是它的最大特点。数字货币本身就是一段计算机程序，因为可以编程而成为智能化的货币，正因为智能化，所以当结算确认，清算交易就在同一时间完成了。货币可编程，就意味着金融可编程，再进一步就是经济可编程。

总体来说，数字货币的发展和普及在很大程度上依赖于区块链技术的支持和推动。具体而言，以太坊这一概念最初是在 2013 年至 2014 年间由受到比特币影响的程序员维塔利克·布特林（Vitalik Buterin）提出。与比特币的初代区块链技术相比，以太坊引入了智能合约的概念，从而开启了第二代区块链技术的篇章。以太坊的核心在于其采用了一套图灵完备的脚本语言，即 Ethereum Virtual Machine code（EVM）。EVM 语言在功能上类似于传统的汇编语言，但它的使用难度相对较高。值得注意的是，开发者在使用以太坊平台时，并不需要直接用 EVM 语言进行编程。相反，他们可以使用 C 语言、Python、LISP 等更为高级的编程语言来编写代码，然后通过相应的编译器将这些代码转换成 EVM 语言，从而有效地实现智能合约的功能。目前，区块链的应用已不再局限于数字货币，它已经扩展至金融、物联网、公共服务、数字版权、保险及公益等诸多领域。由此可见，数字货币是区块链的应用之一，但区块链的应用不局限于数字货币。

在公有链中，很难将数字货币剥离出来，区块链项目核心就是去中心化，背后没有机构在维持，整个网络由全世界所有用户自愿维护。如果没有利益驱使，就不会有用户愿意去开发、维护建设与运行节点。此外，公有链的共识机制也是其离不开数字货币的原因之一。一般来说，公有链的共识机制是通过经济激励系统中各个节点对系统的贡献，以及通过经济制裁恶意节点而实现的，一旦脱离"币"的机制，公有链的各节点将不愿意参与系统的开发及维护过程。

联盟链和私有链与公有链完全不同，参与节点往往希望得到链上数据或者通过合作完成任务，而不以获取"币"为目标，各个节点将会主动承担区块链的开发及稳定运行的责任。这些链大多采用 PBFT 共识机制，因此，一般不会出现"币"的机制。有的联盟链和私人链就没有发布"币"，是因为这类区块链去中心化程度不高，适合小范围的使用，多是在某个公司内部或某个利益共同体中。某种程度上说，它们只采用了部分区块链技术，不是完全的区块链。例如，某银行为了提高工作效率、数据安全性等，采用区块链技术，该银行各地的分行都可以成为一个节点，一起来记账并维护整个网络，这种情况下根本没必要发行"币"，因为该银行本来就是一个利益共同体，而且整个区块链网络只在该银行内部使用。

数字货币一定是基于区块链项目产生的。数字货币并不是真正意义上的货币，区块链项目发行的代币作用各不相同，但它们有个共同点，那就是代币的存在有实际的意义和使用价值。一定是先有区块链，再从区块链需求诞生一个代币。如果不是基于区块链所发行的数字货币，那么这个代币就没有实际的意义和用途，没有价值支撑，这个代币就一文不值。

区块链集多种技术于一身，包括分布式账本、非对称性加密、共识机制和智能合约等多种技术，而比特币只是区块链多种技术的一种具体表现形式。比特币的共识机制采用 PoW，而 PoW 只是区块链诸多共识机制中的一种。在隐私保护方面，比特币通过地址匿名实现对节点的隐私保护，而在区块链中同态加密、零知识证明等方法使用得更加广泛，能够实现更严格的隐私保护。由于使用不同的技术组合，区块链的应用场景不局限于比特币，而是更加广泛。

资本市场对于数字货币的需求为区块链的进一步发展提供了机会与动力，同时，区块链技术的不断发展与进步又为数字货币提供了更加可靠的技术保障。二者相辅相成，共同发展与进步。

虽然区块链并不等同于数字货币，但是二者关系密切。一部分人更加注重区块链技术的发展，另一部分人更加热衷于数字货币的投资。对于技术人员来说，区块链技术的研究更能激发他们的兴趣，他们更希望通过研究算法提高区块链的性能，或者是加速区块链在不同领域和应用场景的落地。数字货币只是区块链最基础的应用，区块链的潜力远不止于此，区块链将是一场技术革命，能够推动社会的发展与进步。对于以盈利为目的的投资者来说，数字货币如比特币的投资价值更能激发他们的兴趣，他们期待获取利益。

第二章　区块链的产业发展

随着区块链技术的逐渐优化升级和深入应用，与传统行业之间的联系越来越密切，未来区块链企业和项目与传统产业场景结合的需求将会逐渐增多。本章主要介绍了区块链监管与政策措施、区块链产业发展与服务、区块链和社会信任。

第一节　区块链监管与政策措施

一、区块链监管的必要性

区块链是一项全新的信息技术，将影响甚至颠覆很多产业业态、商业模式以及管理制度，推动信息互联网升级成价值互联网。近年来，区块链在全球风起云涌，较多国家或地区都对区块链技术高度重视，但比特币及其所依托的区块链技术不可否认具备一定的金融风险。从商用价值或底层技术的角度来看，区块链技术并非完全中立。在价值观偏向的指引下，区块链技术大多在清算、数字货币等金融领域被广泛应用。如今，区块链已成为金融科技发展最重要的一种信息技术。金融服务与区块链技术的联系程度更加紧密，该技术作用和价值的彰显更多体现在金融服务领域。区块链一方面给众多行业领域带来颠覆性的变化，另一方面，伴随其产生的虚拟货币交易首次代币发行（ICO），新型金融活动也孕育了巨大的金融风险。区块链在银行、支付、票据、证券、保险和会计审计等金融相关领域运用广泛，因此有必要对区块链技术及应用进行适当的监管。

（1）保护投资者的需要。对任何安全代币发行进行监管就是对投资者的保护。安全代币的监管及认证标准建立，确实在一定程度上保护了缺乏经验的投资者，但这也为相关项目的发展带来了一系列问题。例如，ICO 证券发行严格监管限制了谁可以投资未经注册的证券发行，这样一来大大减少了潜在投资者的数量，并让融资变得更加困难。2017 年年底的 ICO 热潮说明了为什么要制定投资者保护法，投资者可以向任何人宣传是因为 ICO 的运作不受证券法约束。但这些公司中有许多都是推销商，并没有实际的计划或落地的产品。这些投资者已经被抛弃，因为现存的"投资"有许多已经一文不值，投资者根本无法追索他们的损失。要想让完全欺诈的 ICO 变少，只有 ICO 受到更严格的监管审查，对行业内猖獗的欺诈行为进行严格治理，才能建立更加规范、健康的区块链生态系统。

（2）维护全行业合法性的需要。加密货币通常被称为"狂野的西部"。尽管这可能是一种不公平的描述，但正是因为这种不公平的描述，使得该行业的风险远高于传统资本市场。这确实为投资者和企业家创造了一个行动更快、更容易进入的市场，但其中涉及的风险使得最大的参与者——机构投资者不愿冒险进入这个市场。加密货币投资者的一个共同希望是一旦机构投资者对加密技术的投资感到满意，需求就会飙升，价格自然会上涨。

机构认为尽管加密货币社区对监管机构持谨慎态度，但加强监管是必要的一步。只有加强监管，它们才能认真进行加密货币投资。个人可以自行决定与加密货币相关的损失风险是否值得。但是，基于此，金融机构不仅面临着财务损失的风险，而且还面临着由于信义滥用而产生进一步后果的风险，包括财务处罚和名誉损害。就目前而言，机构性加密货币投资的风险大于回报，因此机构要不断增强监管，降低区块链投资风险，由此来增加机构投资。

（3）保证高质量代币发行的需要。加强监管将提高代币发行的整体质量。发行方必须遵守证券法，由此提高进入代币融资市场的门槛，并严格审查代币发行。一个困难且受到高度审查的代币发行过程将阻止欺诈或阻止考虑不周的项目持有 ICO，从而使安全代币发行的质量比过去看到的 ICO 要高。

二、区块链监管的原则

区块链监管的原则主要表现在"币链分离式"监管。区块链技术和加密货币早在 2013 年就开始在我国兴起，当时在百度中出了一个搜索比特币的小高峰，而这个关注高峰要远远早于世界上很多其他国家。虽然如此，由于我国政府并没有对区块链或加密货币有过多的关注和监管，因此当时的区块链技术和加密货币都还只在一个小范围内小规模的发展。这时的区块链技术和加密货币在自由地生长，就像其他刚出现的新兴技术一样。

2011 年区块链和加密货币在我国进入了快速发展时期，是源于一些从业者的积极报道。我国政府从这时开始看好区块链技术了，并发现其可能对未来社会变革起着重要作用。2016 年 12 月，"区块链"首次被写入《国务院关于印发"十三五"国家信息化规划的通知》中，明确其可以作为战略性的前沿技术。随着比特币价格的指数式上涨，2017 年，在宽松的政策环境中，我国的区块链行业爆发了，火爆的市场吸引了大量投资者，一些问题开始滋生。

面对如此无序的发展状态，我国政府开始重拳整治加密货币市场。2017年，中国互联网金融协会发布的《关于防范各类以 ICO 名义吸收投资相关风险的提示》中指出，以 ICO 名义从事融资活动并未取得任何许可，但是我国政府依然支持区块链技术的发展。国务院在 2017 年 10 月发布的《关于积极推进供应链创新与应用的指导意见》中提出，要建立基于供应链的信用评价机制以研究利用区块链、人工智能等新兴技术。

2017 年，我国政府监管态度的逐渐明朗化，归因于多个行政与司法规范文件的出台。从政府的角度来看，加密货币和区块链技术之间彼此分离。一方面，我国应加大对加密货币的监管力度。另一方面，应鼓励发展区块链技术。值得注意的是，政府鼓励的其实只有无币区块链项目。

其实从加密货币当前自身的发展来看，受其物理性能的局限，加密货币还没有壮大到能够拥有以去中心化来挑战中心化金融体系权威的能力。但不可否认的是我国政府在加密货币发展初期，就已经定下了"币链分离式"的监管原则，可能会在未来降低去中心化加密货币对中心化金融体系挑战的可能。

在中央"币链分离式"监管原则的指导下，对于区块链技术的扶持，各级政府主要采取了规划引导加财政补贴的双重措施。从对区块链技术的定位来看，政府往往将区块链技术与互联网、大数据等技术创新相提并论，共同视为未来发展的重要技术，甚至将这些技术提高至地方发展的战略层面。从国家各类行业发展规划来看，如2018年发布的《教育信息化2.0行动计划》，2022年发布的《"十四五"国家信息化规划》《"十四五"现代物流发展规划》等一系列中央政府部门或各行业管理部门发布的规划文件中都明确提出要加强区块链技术的研发以及其与各类新兴技术的深度融合，赋能实体经济领域。

北京最早提出将区块链技术视为互联网金融技术，随后在《关于构建首都绿色金融体系的实施办法的通知》中再次提到区块链，提出要发展基于区块链的绿色金融信息基础设施，提高绿色金融项目安全保障水平；南京、杭州、深圳等城市也相继出台了相关规划与发展措施，大体思路都是要探索以区块链为代表的金融科技的发展，并且要促进大数据、人工智能、云计算等技术与区块链的深度融合，加速新技术的应用落地。目前为加快规划指导执行速度，我们大力鼓励区块链相关企业进驻到地方，而且各地方政府都辅助给予了大手笔的财政补贴，针对区块链技术创新相关企业、研发人才直接以现金补助的形式发放。

三、区块链监管的形态

在"币链分离式"监管原则的指导下，地方政府有针对性地进行规划指导和财政补贴。全国多个省市已经出台了与区块链发展相关的指导政策。其中，北京计划成立中关村区块链联盟、上海积极推进庙行区块链孵化基地的建设、浙江要建设西溪谷区块链产业园等在国内的这些省市中，北京和上海并非表现最为积极的，相反，杭州、海南、深圳等地区的规划指引更为开放。在数据检索关键词中，杭州和深圳是搜索频率最高的，广州则拥有国内最多的区块链企业，海南更是勇于尝试，率先成立区块链试验区。国内各地区都在积极推动区块链的发展，各个地区的竞争也必然形成一股内在力量，推动该行业快速发展。同时，各地方政府对区块链尤其是 ICO 的监管也日趋严格。

四、区块链监管的政策措施

我国金融科技的发展呈现市场和商业双重驱动的模式。由于我国金融服务体系还不够完善，难以满足国内巨大的市场需求，这也是区块链技术和应用在国内取得迅速发展的重要原因。但是，我国目前金融监管的法律体系还没有考虑到区块链这一新兴事物，在面对来势凶猛的区块链热潮就显得难以招架。我国将区块链、虚拟货币等纳入互联网金融的范围，因此监管也基本上按照互联网金融的监管措施来进行。目前，我国针对互联网金融采取鼓励创新和严格监管的思路，严防风险的产生。国务院于 2015 年出台了《关于促进互联网金融健康发展的指导意见》，指导意见中明确指出了多项举措，以此来有效推动互联网金融的发展。同时指导意见中明确指出，在推动其发展的过程中要坚持健康发展、鼓励创新的基本原则和要求，也要突出监管的科学性与时效性，在监管过程中要突出协同性、创新性，要针对监管对象的实际情况开展分类监管。党的十九大之后，中央明确将防范化解重大风险作为政府工作的三大攻坚战之一，其中的重点就是防控金融风险。在这种思路主导下，具有高风险的 P2P、虚拟货币等互联网金融产品受到严格的监管，2019年下半年湖南省和山东省取缔了省内全部的 P2P 平台，这标志着网贷发展正式进入寒冬。党的十八大报告中对此也有针对性的指示，要求统筹兼顾、协同配合，进而有效防范风险。必须要完善保障体系，守好底线，避免出现系统性风险，影响金融体系整体的安全性和未来发展。这是应对金融风险必须要贯彻和执行的基本原则，也是保障生命财产安全的重要途径。地方要严格按照党和国家的决策部署，加强风险管控，优化处理方案，推动经济健康发展，实现金融业在新时代的稳步提升。

同时虚拟货币的发行也受到国家金融管理部门的严格控制，对 ICO 实行严格的"一刀切"制度。2017 年，国家相关部门联合发布公告，明确表示 ICO 属于非法公开融资，对于这一行为要严肃对待、严厉整顿。市场中不得再出现发行代币融资的行为和活动，已经开展的融资活动要立刻改正，做好清退安排，确保各类风险降到最低。

2019 年，网信办发布了《区块链信息服务管理规定》，在这一规定中明确提出信息服务提供者应当履行的责任和义务，要加强对信息的安全管理，有效规避风险。《区块链信息服务管理规定》的颁布与实施标志着我国区块链立法化的正式开始。《区块链信息服务管理规定》明确了区块链监管的机构为国家互联网信息办公室，也就是"网信办"，其上位法是《中华人民共和国网络安全法》与《互联网信息服务管理办法》。网信办的主要监管职责来源于《国务院关于授权国家互联网信息办公室负责互联网信息内容管理工作的通知》的相关规定，具体包括全国区块链信息内容管理，制定区块链相关规范性文件和设定警告、罚款等处罚条例。区块链监管机构包括国家网信办和各省市自治区的网信办，分别负责全国范围内和各行政区范围内的区块链监督管理执法工作。

数字经济在经济市场中发挥着越来越重要的作用，能够有效推动产业结构转型升级，优化资源配置，提高竞争力。平台经济是我国数字经济的典型业态，开辟了新的市场空间，满足了人们新的消费需求，有效推动创新发展，成为人们就业创业的新选择，借助这一经济也能有效优化和改善公共服务水平。2023 年，从国家到地方层面，促进平台经济高质量发展的政策措施密集出台，支持平台经济在引领发展、创造就业、国际竞争中大显身手。同时，锚定规范健康持续发展的目标，平台经济从专项整改迈入常态化监管的新阶段。监管规则制度不断完善，《中华人民共和国反垄断法》多部配套规定落地，多个反垄断合规指引释出，《中华人民共和国反不正当竞争法》加快修订，《公平竞争审查条例》加快出台……各类经营主体平等参与市场竞争的制度规则基础进一步夯实，为平台经济发展营造更为稳定、公平、透明、可预期的环境。

由此可知，国家明确将区块链纳入了互联网监管体系。该规定也明确了区块链监管的对象，即"在中华人民共和国境内从事区块链信息服务"的主体或者节点，也就是只要在我国境内从事区块链活动的提供商，不管其注册实体是在国内与否都需要受到监管，从而为解决区块链跨区域性造成的管辖区冲突提供法律依据。

第二节　区块链产业发展与服务

一、区块链产业安全及服务

当前，我国区块链产业处于高速发展阶段，整个产业链条基本形成。随着区块链技术的广泛应用，区块链的安全性威胁成为其迄今为止所面临的最重要的问题之一。随着区块链技术所产生的经济价值不断提升，其所面临的攻击将呈现出指数上升的趋势。

（一）区块链产业需注意的安全方面

1. 底层代码安全性

由于大部分区块链项目都是开放源代码的，黑客可以通过分析源代码的缺陷来找到攻击的突破口。在近年来发生的虚拟货币被盗的事件中，有大量是由代码层面安全问题导致的，开源区块链软件存在着不容忽视的严重安全风险。目前，主要的应对措施有接受专业的代码审计和了解安全编码规范，区块链产品在正式发布前应采用自动化或人工的方式对系统源代码进行静态代码分析、交互式代码审计等安全性检查工作，以有效规避潜在的风险。长亭科技提供的区块链源码安全审计服务能提供源码和设计层面的深度安全审计，提前发现并解决安全问题与风险，帮助区块链生态规避这一类核心风险。

2. 密码学算法安全性

区块链使用了大量现代密码学的技术成果，包括加解密算法、哈希算法、数字签名、随机数等。密码学是保证区块链安全性和不可篡改性的关键，为区块链的信息完整性、认证性和不可篡改性提供了关键保障。现有数字签名、加密通信的认证、加解密大部分都是基于大素数对的 RSA 和 ECC 椭圆曲线非对称加密算法。加解密算法、哈希算法等密码学机制在区块链中的应用解决了消息防篡改、隐私信息保护等问题，但密码学的安全性来源于数学难度，安全是相对的，密码学固有的安全风险仍未在区块链中得以解决。

目前，针对密码算法进行攻击的方式主要有穷举攻击、碰撞攻击、长度扩展攻击、后门攻击、量子攻击等。穷举攻击、碰撞攻击和长度扩展攻击主要作用于散列函数中，大部分散列函数都受此攻击方式影响。后门攻击主要作用于所有开源的加密算法，如 ECC、RSA 等复杂加密算法。随着大量子比特数的量子计算机系统的发展和商业化，非对称密码算法中的大数因子分解问题可在秒级时间内被破解，用于密码破译的量子计算算法主要有 Grover 算法和 Shor 算法。

目前，大部分密码学算法存在被量子攻击的可能性，这也是区块链技术面临的典型攻击手段之一。其主要的应对措施是使用现阶段被证实是安全的密码算法，同时关注抗量子攻击密码算法的研究进展，如基于格困难问题的密码算法、基于多变元多项式的密码算法和基于编码问题的密码算法。

3. 共识机制安全性

共识机制是维持区块链系统有序运行的基础，分布式系统的共识达成需要依赖可靠的共识算法来共同验证写入新区块中的信息的正确性。目前采用的共识机制主要包括 PoW、PoS、授权权益证明（Delegated Proof of Stake,

DPoS）、PBFT 等，PoW、PoS 和 DPoS 机制已经过大规模、长时间的实际应用，发展较为成熟。然而，共识机制都存在一个不可能解决的三角问题，去中心化、安全性和算法效率这三者只能同时实现两者。目前，针对共识机制进行攻击的方式主要有短距离攻击、长距离攻击、币龄累计攻击、预计算攻击和女巫攻击。

短距离攻击和预计算攻击主要影响 PoS 共识机制。在长距离攻击中比较典型的是 51%算力攻击，主要影响 PoW 共识机制，当某一个节点控制了 51%及以上算力之后就有能力篡改账本数据。理论上，基于底层共识协议创建的所有数字货币都存在 51%算力攻击风险。女巫攻击者主要是通过建立大量的假名标识来破坏整个对等网络的信誉系统，使其获得不成比例的大的影响。目前，主要的应对措施是在设计系统之前充分了解各共识机制的优劣，从中选择出最优的共识机制。

4. 智能合约安全性

智能合约是商业交易规则所组成的合约，以数字的形式进行呈现，包括承诺协议等。它部署在区块链上，由一组利益相关参与方共享并共同验证，其目的是提供优于传统合同方法的安全性和降低与合同相关的其他交易成本。由于智能合约的本质是一段运行在区块链网络中的代码，因此也存在安全漏洞。如果智能合约的设计存在问题，将直接影响与之相关的区块链业务的安全性，可能造成巨大的经济损失。

智能合约的开发和使用过程中可能存在 Solidity 漏洞、逃逸漏洞、短地址漏洞等众多安全风险和隐患。目前，攻击其的方式相对较为多样，主要包括调用深度攻击、整数溢出攻击和随机数攻击。其主要的应对措施是进行智能合约安全审计，通过静态分析、形式化验证等手段进行安全漏洞的检测。长亭科技智能合约源码安全审计服务可为智能合约项目、智能合约钱包和基于合约的去中心化交易所提供专业的人工安全审计。Quantstamp（quantstamp.com）是第一个可扩展的安全审计协议，可以发现以太坊智能合约中的漏洞。另外，需严格遵循智能合约的安全开发原则，并进行大量的模糊测试与白盒审计，实现 100%测试覆盖率。

（二）区块链产业的安全服务

区块链技术更多适用于具体行业应用，涉及的相关主体如用户等在应用这一技术时没有较强的安全意识。随着近年来区块链在底层代码、密码算法、共识机制、智能合约的安全事件频发，区块链安全服务市场逐渐繁荣。安全服务商主要是与开发者进行沟通与协作，为其提供安全性服务，如安全检测等，通过提供相关服务有效提高技术本身的安全性，提升区块链产品应用安全水平和抗攻击能力。在首届中国区块链安全高峰论坛上，中国技术市场协会、腾讯安全、知道创宇、中国区块链应用研究中心等联合网络安全企业、区块链相关机构及媒体共同发起成立中国区块链安全联盟，致力于建立区块链生态良性发展长效机制以保护区块链行业的健康发展。

目前，国内代表性的区块链安全服务公司主要有慢雾科技、链安科技，且有各自的安全服务切入点。

慢雾科技专注于区块链生态相关的安全服务解决方案，其核心业务包括安全审计、安全顾问、防御部署、威胁情报、漏洞赏金。慢雾科技是国内首家进入 Etherscan 智能合约安全审计推荐名单的公司，并获得了 OKEx 最佳安全审计合作伙伴奖，累计审计近 600 份智能合约，涵盖以太坊、EOS、星云链等平台，累计发现数十个高危、中危安全漏洞。慢雾科技的安全业务包括云防护、智能合约审计、智能钱包安全、算力安全监控、安全服务、业务反欺诈等方面，并根据区块链技术特性以及用户的实际业务需求，推出了多维度的区块链整体安全服务解决方案。

链安科技是国内唯一将形式化验证应用到区块链安全领域的公司，主要以安全审计服务为主。链安科技自主研发出的"一键式"智能合约形式化验证平台 VaaS 是全球首个同时支持 EOS、以太坊区块链智能合约的自动形式化验证平台，具有验证效率高、自动化程度高、人工参与度低、支持多种合约开发语言和支持大容量区块链底层平台等特点。

二、区块链行业服务机构

（一）区块链产业园与产业基金

区块链产业园是区块链产业集群发展和实现区块链技术应用落地的重要载体。在国家高度重视区块链技术发展的背景下，我国区块链产业园蓬勃发展，从上海宝山区于 2016 年设立国内首个区块链产业园——上海智力产业园天空区块链孵化基地起，全国已建成了 40 余家区块链产业园。目前，我国区块链产业园已基本形成了以长三角、珠三角、环渤海、湘赣渝为主的四大聚集区。另外，海南省于 2018 年设立了海南自贸区（港）区块链试验区，该试验区目前已吸引超过 100 家区块链企业入驻。我国区块链产业园的发展呈现出了三层"阶梯化"的特征，其中第一梯队的综合竞争力最强，以杭州区块链产业园和上海区块链技术创新与产业化基地为代表。总体来看，第一梯队与第二梯队的差距较小，但与第三梯队存在较大差距。

我国区块链产业园的迅速发展离不开相应产业基金的助推，各地方政府纷纷建立区块链产业基金以扶持当地区块链产业的发展。目前，全国共有 8 个省（市）政府发行了规模将近 400 亿元的区块链产业基金，其中，杭州雄岸全球区块链创新基金是全国最早设立的区块链产业基金，河南、杭州、南京建立了规模较大的产业基金，均达到 100 亿元规模。

（二）区块链媒体与社区

在区块链发展的 10 年中，技术、媒体与社区缺一不可，媒体是区块链行业的发声平台和展示窗口，社区是汇聚大众关注区块链的基层力量，对于区块链产业的发展都起着非常重要的作用。

例如，金色财经是集行业新闻、资讯、行情等一站式区块链技术服务的平台，且与多家搜索引擎新闻源合作，并与数十家财经及科技媒体达成内容合作。陀螺财经由行业领先的游戏科技媒体"游戏陀螺"与科技媒体"新媒科技"联合成立，旗下拥有陀螺评级、人物专访、新闻快讯、陀螺锵锵等精品栏目。巴比特是国内最早的区块链社区门户，主要为区块链创业者、投资者提供交流与投融资服务。另外，成立于 2018 年的全球媒体区块链联盟（BIMG）是全球规模最大的区块链行业的媒体联盟，依托福布斯等媒体的强大号召力和成熟的运营模式，BIMG 组成了全球最大的专注于区块链信息传播的媒体阵营。

区块链社区汇聚众多关注区块链的基层力量，互相学习和分享关于区块链的技术。区块链社区可分为区块链应用社区、区块链学习社区和区块链自媒体博客社区。区块链技术网中文社区以区块链社区和区块链论坛为核心，是区块链技术者的聚集地，提供比特币价格、资讯、行情分析、挖矿资讯和区块链百科知识。巴比特区块链论坛是区块链交流社区，让区块链开发者分享对区块链的理论、去中心化思想、编程开发及未来发展趋势的见解。

（三）行业组织与研究机构

从 2016 年起，我国相继成立了中国区块链研究联盟、中国企业区块链产业联盟、中关村区块链产业联盟、中国高科技产业化研究会区块链产业联盟和版权区块链联盟等组织。这些行业联盟主要致力于加强区块链技术合作和交流，输送区块链行业报告，培养区块链专业人才。

中国区块链研究联盟由全球共享金融百人论坛（GSF100）联合论坛理事单位共同在北京发起设立，致力于打造区块链技术的联合研究、信息共享、政策沟通等多维一体的区块链平台。

中关村区块链产业联盟在世界范围内都有非常重要的地位，专攻网络空间基础设施创新，致力于构筑区块链产业高地，促进区块链产业化，推动社会经济和相关产业的发展。版权区块链联盟由版权业务相关、拥有独特行业资源的企业或组织等共同组成，以建设共赢版权生态系统的联盟，致力于服务版权事业，以创作即确权、使用即授权、监测即维权的目标为指引，在知识经济时代让版权实现更大价值。

为了加快推进区块链核心技术自主创新，近几年来国内相继涌现了达摩院区块链实验室和万向区块链实验室等一大批企业区块链研究机构。前者更加专注于研究密码学安全等相关内容，通过研究进一步推广和应用。后者更加侧重于该技术的非营利性方面的内容和应用，汇聚了较多专业性较强的专家，就相关内容开展研发和应用，通过研究成果有效推动创业发展，提供区块链技术方面的帮助和引导。除了企业，国内外高校也纷纷成立区块链研究实验中心以培养区块链人才，推动区块链发展。牛津大学建立区块链研究中心，该中心的研究小组与工业界合作研究如何提高区块链的采矿效率。斯坦福大学建立的区块链研究中心专注于研究区块链技术及其潜在影响，并为区块链行业制定最佳实践准则。西安交通大学联合量子链基金会、纸贵科技成立了智能区块链技术研究实验室。清华大学经济管理学院成立了数字金融资产研究中心，旨在开展数字金融资产新兴领域的学术研究。

随着区块链技术的快速发展，相关行业和企业对区块链人才的迫切需求与专业人才严重紧缺是当前区块链技术领域的主要矛盾之一。美国和英国最先开设区块链课程，此后世界各地的高校也相继开设区块链相关课程，建立区块链人才培养体系。区块链行业对研发人员的需求、人才空缺和高薪资的待遇也导致了大量区块链培训机构的出现。目前，我国关于区块链的课程培训机构较多，其中包括链块学院、孔壹学院、火链学院和黑马程序员等。

三、区块链的服务平台

（一）区块链的硬件设施及云算力平台

1. 区块链的硬件设施

在数字货币交易中，挖矿的收益最先被人们关注，也最先获得广阔的发展空间，取得了较为可观的发展成果。挖矿是将基于 PoW 的数字货币交易去中心化的一种主要手段，它通过计算机解出一连串复杂的密码学题目，以便将交易双方的钱包地址、交易金额和时间等相关信息增加至新的区块中。区块链硬件设施为各种应用提供物理资源和驱动，这是区块链原生的产业，主要为其运行提供各种算力和硬件方面的支持，包括矿池服务等。

在全网算力难度不断增加的驱动下，作为区块链产业发展基石的区块链硬件制造业得到了迅猛发展，芯片的计算能力不断增加。挖矿技术经历了一代又一代的革新，最早仅为中央处理器挖矿，这是最早出现的挖矿技术和形式，后续不断发展和革新，逐渐升级成为专用集成电路挖矿，这种挖矿技术已经十分成熟，并取得了较好的成果，再到集群化（矿池）挖矿。世界上第一个区块是由中本聪用其电脑 CPU 挖出。由于 CPU 并不擅长多线程并行计算，因此逐渐被拥有数量众多独立计算单元和超长流水线的 GPU 所取代。2013 年以后，FPGA 也被用于挖矿，且比 GPU 的效率更高，同时还大幅降低了耗电量。目前，专业矿机挖矿市场为 ASIC 所主导。相比于其他挖矿技术，ASIC 具有耗能低、体积小、稳定性高、保密性强、成本低等众多优点，因而被普遍使用。

进入 ASIC 挖矿时代，由于全网算力呈指数级别增长，单个矿机挖矿的收获概率极低，大规模集群化的挖矿模式成为必然的选择，主要包括矿场挖矿与矿池挖矿。矿场是为数字货币矿机挖矿提供集合的场地，且通常建在电力成本较低的地区；矿池则是将大量分布在不同地区的矿机、矿场的算力组织起来，通过集合算力的方式进行挖矿。

我国的许多矿池目前持有的算力都十分可观，如蚂蚁矿池等，在世界范围内都处于较为领先的水平。蚂蚁矿池是一家高效的数字货币矿池，提供比特币、莱特币、以太坊多种数字货币的挖矿服务，并支持 PPS（每股支付）、PPLNS（Pay Per Last NShares，每最近 N 股支付）、SOLO（独立挖矿）等多种付款方式。鱼池 F2Pool 是我国第一家数字货币挖矿平台、全球最大的综合性数字货币矿池。

在区块链硬件设备领域，世界排名前三的区块链硬件设备厂商比特大陆、嘉楠耘智和亿邦国际均为我国公司，且旗下产品蚂蚁矿机、阿瓦隆矿机、翼比特更占据全球 90%以上的市场。

比特大陆科技有限公司是在世界范围内知名度较高的科技公司，主要专攻于芯片研究和设计，具备批量生产 ASIC 芯片的能力，在这一领域处于世界领先水平，旗下产品十分丰富，包含算力云等，目前该产品和相关技术主要在区块链等相关领域有着较为广泛的应用。与此同时，比特大陆已经完成了矿机、矿池、云挖矿、区块浏览器、钱包等多方面布局，拥有全球领先的矿机硬件 Antminer、用户体验最佳的矿池 Antpool，以及全球最大的云挖矿平台 HashNest。比特大陆是全球市场占有率最大的比特币挖矿全生态链服务提供商，矿机市场占有率全球第一。

嘉楠耘智是全球第二大加密货币矿机生产商，研发了全球首款基于 ASIC芯片的区块链计算设备，也是全球首个 7 nm 芯片研发成功量产的机构。其主营业务为用于区块链计算的 ASIC 芯片及其衍生系统的研发，并提供相应的区块链解决方案。其芯片产品主要作为区块链系统的基础计算设备，为整个网络提供算力支持，被广泛应用于挖矿领域，是矿机生产商的代表之一。目前，比特大陆和嘉楠耘智已经在芯片上进行布局。

2. 区块链的云算力平台

随着全网算力难度的不断提升，区块链云算力平台开始成为挖矿的主流方式，国内外矿机制造商、矿池、交易平台纷纷开始涉足，成为近年来比特币产业链的投资热点。在云算力挖矿中，用户在云算力平台购买云算力合约，以租借算力资源的方式进行远程挖矿。相比于自购矿机挖矿，云算力平台的一次性投入更低、无技术门槛限制，也不用考虑机器维修、散热、噪声、上架等复杂因素，用户只需要在平台购买相应的算力套餐就能根据币价和全网算力每日结算收益，大大降低了用户的挖矿门槛，也提高了算力的流动性。

云算力平台主要有两种类型：（1）自有型，主要是指由厂商自建而成，也可通过矿池投资方式，CEX 是其中非常具有代表性的存在，在国际范围内也备受认可，其具备的挖矿机阵列在世界范围内拥有最为强大的算力，因此，受到世界瞩目；（2）平台型，这种类型主要是指由厂商搭建平台，通过多种方式吸引矿场主在平台中注入算力进而进行出售。其中算力巢属于较为典型的代表，也是世界范围内首个属于这一类型的云算力平台，在挖矿芯片、矿机生产能力、市场运营经验和用户群体方面都拥有明显的竞争优势，是目前最为活跃的云算力平台，其算力总数已经在全网占有较大份额。

区块链云算力平台灵活便捷的轻挖矿模式使得其在市场上的接受度越来越高。从2019年起，云算力平台的市场增长一直呈指数级别的趋势，云算力平台的发展步入快车道。2019年3月，我国首个区块链云算力中心——智谷算力中心落地西安高新科技金融自贸区，目标是为企业提供数据存储解决方案，打造全球标准化数据存储中心。

目前，全球区块链云算力平台中较为主流的平台有算力巢、CEX、比特小鹿、RHY、考拉矿场、矿世云、牛比特、算立方、KGfire、NiCehaSh等。不同平台相应的云算力产品从接入的矿机机型，到云算力挖矿成本、回本周期等指标在数据上也有所差异。

2014年成立的Genesis Mining是一个老牌的国外区块链云算力平台，目前是全球最大的云算力平台，合作的矿场主要在地热资源丰富、电价成本较低的冰岛。比特小鹿为用户提供包括矿机购买、物流、电力管理、矿场、矿机的运维等一整套挖矿服务解决方案，与全球顶级的8家矿池建立了合作，并支持BTC、BCH、ETH、LTC、DCR、ZEC等多币种的矿机。比特小鹿创新性地引入了"算力切割技术"，可以将矿机的算力切割为单位算力，直接接入矿池，同时检测算力在矿池的运行情况和收益。比特小鹿还自主开发了算力监控自调度系统和波动自平衡系统，当算力出现异常波动时，能及时将算力自动切换到其他矿场或者矿机以进行平衡，保证用户在套餐周期内的平均算力达标。

此外，迅雷公司首创了共享计算模式，并于2017年8月推出了区块链共享经济智能硬件——"玩客云"。玩客云以区块链技术为基础，通过已授权的智能硬件设备记录，筹集用户家中闲置的计算、存储、带宽资源，把千家万户连接成一张云计算网络，并通过虚拟化技术以及节点就近点对点访问的调度技术，为企业提供优质低成本的云计算服务。借助于玩客云和区块链，迅雷实现了腾飞和升级，共享经济业务取得了较为长远的发展，已与多家企业构建良好关系，开展交易行为，为其进行服务，进而有效降低运营成本，对于用户而言也有非常重要的影响和作用，使其网络体验得到极大程度提高。

（二）区块链的底层平台及解决方案

1. 区块链的底层平台

在区块链技术发展的早期，底层平台和应用是高度耦合的，只是为了实现单一的数字货币交易功能。随着基于区块链平台"以太坊"去中心化应用（DAPP）的出现，底层平台和应用开始分离，整个区块链的产业链开始逐步衍生出了各个不同的生态层次。区块链底层平台为该技术提供了底层架构、开发部署平台等，这部分内容相较于该技术而言等同于基础操作系统。当前，公有链平台、联盟链平台和区块链即服务（Blockchain as a Service，BaaS）是3种比较主流的平台模式。自 2019 年以来，区块链底层平台获得了较为广阔的发展空间，在短时间内已经取得了令人瞩目的成绩，根据相关数据，目前世界范围内的主流供应链平台数量十分可观，达 30 个之多。但由于不同平台之间存在一定的差异性，特别是研发设计人员在研发设计过程中秉持的理念和方式存在一定区别，这也使得平台之间的竞争十分激烈。

（1）公有链平台。公有链平台定位为区块链操作系统，主要为区块链应用搭建分布式数据存储空间、网络传输环境、交易和计算通道，是未来区块链技术落地应用的核心基础。公有链平台是最早的区块链平台，也是目前应用最广泛的区块链平台。公有链是一种任何人都可以参与其共识过程的非许可链，世界范围内每个个体都可以发起交易，且任何交易不受限制，没有条条框框约束，都能得到区块链的确认。公有链往往会借助代币机制引导参与人员通过竞争记账的途径提高信息的有效性和安全性。公有链的优点主要有：任何人通过互联网都能访问到所有公开的交易数据，通过一定的激励机制实现了大规模的协作共享等。公有链平台具备较为显著的特点和优势，一是去中心化，借助于这一特点也使得公有链平台广泛应用于数字加密货币中，有效拓宽了公有链平台的应用范围；二是大众性，借助于这一属性使公有云平台更多应用于金融或电子服务中，为人们提供更有效的服务和帮助。

当前在全球范围内具有极强的影响力的公有链平台有比特币、以太坊、EOS 等。2019 年年末，赛迪区块链研究院从不同技术维度对全球 35 个公有链平台进行了综合评估。评估结果显示：全球三大 DAPP 平台为 EOS、以太坊、波场，排名前十位的还有纳世链、应用链、NEO、斯蒂姆链、比特股、比特币、恒星链等。比特币是一种采用工作量证明机制（PoW）、完全通过点对点技术实现的电子现金系统。由于比特币的脚本语言不是图灵完备的，因此无法实现更高级的应用。

虽然公有链平台具有众多优点，然而随着公有链中加入节点数的增加，整个系统的效率降低，因为每增加一个新的节点，就需要多达成一次共识。因此，公有链需要在低交易吞吐量和高度去中心化之间做一个权衡。

（2）联盟链平台。联盟链是一种通过对多中心的互信来达成共识的许可链，并由利益相关的联盟成员节点共同参与记账。与公有链不同的是，联盟链是"部分去中心"或者"多中心"的区块链，联盟链账本数据的读取会受到较多限制，仅联盟成员节点才拥有对数据进行访问的权利和资格，并在记账规则、读写权限等内容的制定上充分发挥联盟成员节点的作用，通过共同决定的方式有效确保信息安全。联盟链通常设有节点准入控制和权限控制机制，只有通过授权后才能加入或退出网络，即拥有权限许可才可作为新节点加入其中。

当前，公有链平台还无法解决区块链不可能三角问题，即区块链的去中心化、安全性、可扩展性三者不能同时满足，而且公有链平台在商业落地等方面也存在很大的挑战。与公有链平台相比，联盟链平台更适合将技术和业务结合的场景需求，且联盟链中的成员之间大多以商业契约的方式进行合作，更符合实际的商业应用场景。例如，联盟链更适合成员之间的交易、结算，类似于银行间的转账、支付。因此，通过联盟链平台可以打造一个内部生态系统来有效提高商业效率。

国外区块链联盟组建较早，如 R3 区块链联盟等，创建于 2015 年，以及 2017 年成立的企业以太坊联盟（EEA）。

随着国家政策层面的推进，我国联盟链产业生态正逐步加速落地，中国内最具影响力的 3 个联盟链平台是中国分布式总账基础协议联盟（China Ledger）、分布式应用账本开源社区（DApp Ledger）、金融区块链合作联盟（深圳）（简称"金链盟"）。

中国分布式总账基础协议联盟于 2016 年成立于上海。该联盟致力于研究开发满足共性需求的区块链底层技术，主要聚焦于资产端的分布式总账应用，从精选的应用场景中提取出若干具有普遍性的金融服务模式，开发具有针对性的商业解决方案。该联盟将自主研发一套含基础账本在内的整个分布式总账技术体系，各成员机构将共同维护该基础平台，并基于该平台各自搭建自身的应用系统。

分布式应用账本开源社区（DApp Ledger）于 2017 年 12 月由中国区块链技术和产业发展论坛发起成立，是国内最具代表性的区块链开源社区。该社区以成员自主开发的底层平台为基础，重点孵化的开源项目有 BCOS、AnnChain 和 Ontology Zero。

BCOS 是区块链开源平台，该平台主要致力于提供企业应用服务。BCOS 支持账号管理、资产管理、交易管理、安全控制等模块功能的配置，能满足其在金融、健康医疗、供应链、工业、物联网、能源服务等多个领域上的适用性。AnnChain 是众安科技研发的企业级区块链平台，该平台采用了交易即共识的方法，有效提高了交易效率和增加了交易并发数，其已在数十家企业的商业场景中进行了工程化应用。

目前，在得到政府、企业的认可及商业落地的同时，联盟链平台自身存在的一些行业问题仍制约着联盟链平台的大规模实际应用。首先，联盟链平台只依靠少量成员节点去实现部分去中心化，这加剧了平台被恶意攻击和少量成员节点串谋的可能性；其次，由于联盟链平台缺乏统一的行业标准，不同联盟链平台间无法进行互通，不同成员在解决方案上还存在一些差异，数据孤岛问题依然存在；再次，由于缺乏公有链中的通证激励体，联盟链还需要构建自己的激励模型；最后，在应用规模发展方面，联盟链平台还普遍存在交易效率低、扩展性弱、缺少完备的面向企业级业务需求的工具箱，以及缺乏灵活的权限管理控制机制等缺陷。

（3）区块链即服务平台。作为一种分布式的基础设施，区块链平台的部署和维护过程相当复杂，这导致企业无法快速地实现基于区块链技术的各种应用场景落地。近年来，一种将区块链与云计算深度结合的新型云服务平台——区块链即服务（Blockchain as a Service，BaaS）应运而生。BaaS 由微软和 IBM 两大巨头提出，通过采用容器、微服务以及可伸缩的分布式云存储等技术，对外提供区块链网络及应用的创建和运行时的服务管理、维护管理、安全监控等功能。它还可根据开发者的产品和业务特点，提供各种不同的在线配置功能以满足客户的高度定制化需求。

企业在接入 BaaS 平台后，可通过平台工具在云平台上快速构建、调试和部署各种区块链应用，并可通过多维度权限管理来保证企业链上数据的高安全性和高可靠性。BaaS 平台是将存储资源等相关能力通过巧妙设计转变为库，实现重复性利用，使得开发人员能专注于业务应用层面的开发。BaaS 大大降低了开发和应用区块链技术的门槛与部署、运维成本。未来在大规模企业级应用中，BaaS 平台有望成为公共信用的基础设施。

由于构建 BaaS 平台需要大量硬件支撑，而且对技术更新具有很强的依赖性，目前 BaaS 平台几乎都是由互联网巨头把控，而且大部分都是基于已有的云计算平台。目前，国内外的 BaaS 平台已超过 40 家，按照服务商的主体不同可将 BaaS 平台划分为传统互联网巨头的 BaaS 平台（如微软、IBM、亚马逊、谷歌、甲骨文、SAP、阿里、腾讯、百度、华为等）和垂直行业巨头的

BaaS 平台（如华大基因、58 同城）。从巨头布局的角度而言，国外互联网巨头微软和 IBM 重视发展区块链的核心底层技术，亚马逊积极开展合作伙伴关系，谷歌以投资的方式为主。国内互联网巨头则注重独立开发、建设自己的生态系统，尤其重视区块链在金融领域的应用。

2015 年 11 月，微软与以太坊工作室 ConsenSys 率先在 Azure 云平台上发布了以以太坊为基础的 BaaS 平台，旨在为区块链技术提供快速、经济的部署环境，目前支持部署以太坊和超级账本 Fabric 网络。2017 年 8 月，微软发布了企业级开源区块链基础平台 Coco 框架，用于构建企业级加密水平的大规模区块链网络，2017 年 10 月宣布推出区块链项目 Azure Government Secret，为政府客户提供在云环境中使用区块链技术的服务。2018 年 5 月，微软发布 Azure 区块链工作平台，用于加快区块链应用的自动化开发流程，尝试用自己的架构方式创建区块链企业生态联盟。目前，微软在保险、游戏版税、农作物溯源、证券清结算、供应链金融等方面实现了区块链的商业应用，如和证券交易所纳斯达克一起发布了基于区块链技术的金融交易，和安永咨询合作发布了全球首个基于区块链平台的海运保险。

IBM 于 2016 年 2 月在云平台服务 Bluemix 的基础上推出了基于超级账本 Fabric 的 BaaS 平台，目前的市场份额仅次于微软 BaaS 平台。该平台提供了完全集成的开发运维工具和不同类型的区块链网络部署方案，并对相关资源进行了性能优化，使得开发人员可以在 Bluemix 云服务基础上快速创建、部署、运行和监控区块链应用程序。另外，该平台还实现了一种全新的共识算法以改进隐私保护和可审性，同时采用了最新的加密算法，以及单独连续可调的安全和数据保护措施。目前，IBM 在银行、金融、物流运输、供应链、食品溯源、教育等各个领域实现了区块链的商业落地，并相继推出了用于改善借贷流程的影子链、身份认证系统和云端安全服务等区块链项目。IBM 在区块链的场景应用和落地案例方面也是最丰富的，如和沃尔玛合作对食品供应链的安全进行追溯；和中国邮政储蓄银行合作，推出了基于区块链技术的资产托管系统。

全球云计算的开创者亚马逊于 2018 年 4 月正式发布了基于 AWS 云服务的 BaaS 平台，旨在帮助开发人员快速构建基于以太坊和超级账本 Fabric 的可扩展区块链和分类账解决方案，其中的 AWS Managed Blockchain 组件可根据特定应用程序的需求自动进行扩展。通过该平台提供的分类账数据库 Amazon Quantum Ledger Database（QLDB），可以建立一个集中式分类账来记录所有应用程序数据的更改。亚马逊主要以与第三方合作的方式为客户提供区块链在医疗数据、金融保险和在线广告等领域的解决方案，2018 年联合 Kaleido 推出首个全线平台 Kaleido Marketplace，提供即插即用服务并集成在线软件商店，帮助企业区块链项目快速从概念验证进入实际业务投产。

目前，基于已有的云计算业务，我国互联网巨头企业百度、腾讯、阿里、京东等数十家企业已推出了 BaaS 平台，且切入的场景应用领域各不相同。百度、腾讯主要面向金融领域的区块链技术应用。阿里和京东因受其主营业务的影响，主要在商品防伪溯源领域进行区块链技术应用。

百度于 2017 年 7 月依托 Trust 区块链技术框架发布了度小满金融区块链 BaaS 平台，该平台提供了完备的区块链开发、部署工具，包括线上沙盒、完整应用案例、openAPI、多语言 SDK 等。针对企业不同的业务场景，平台提供了区块链各项目属性、模板和机制的高级定制配置。百度在定位层面更加侧重于为企业提供服务，特别是隶属于金融层面的相关服务，在数字票据等方面已经作出了较为成熟的尝试，目前已经支撑了超过 500 亿元资产的真实性问题。"2023 年网络安全优秀创新成果大赛暨四川省'熊猫杯'网络安全优秀作品大赛"顺利举办，比赛由四川省委网信办指导，中国网络安全产业联盟主办，四川省网络空间安全协会等单位承办。开源网安联合度小满共同打造的"度小满互联网金融开源软件治理解决方案"荣获大赛优胜奖。

2017 年 11 月，腾讯推出了基于腾讯云和腾讯基础平台 TrustSOL 的金融 BaaS 平台 TBaaS，并于 2018 年 3 月发布了《腾讯云区块链 TBaaS 产品白皮书》。该平台支持超级账本 FabriC、FISCOBCOS、R3-Corda 等不同区块链底层技术，并将这些异构区块链平台进行了二次封装，为用户提供了基于区块链进行的快速开发、测试、部署等一整套企业级解决方案。企业或金融机构只需关注如何把区块链技术应用到实际的业务场景中去。2021 年度全国金融领域企业标准"领跑者"榜单公布，腾讯云成功上榜"金融分布式账本技术应用"领域企业标准"领跑者"，这意味着腾讯云区块链服务平台 TBaaS 在金融科技行业应用创新与标准化建设方面已处于行业领先地位。目前，腾讯云 TBaaS 已支持长安链·ChainMaker、Hyperledger Fabric 与 FISCO-BCOS 区块链底层引擎，同时也支持公有云、私有云、混合云等多种灵活部署形态，能够高效精准地解决金融机构差异化区块链需求，实现开箱即用，极大缩短了区块链技术应用落地周期。此外，腾讯云 TBaas 还在政务、农业、交通等多个行业成功落地，已具备一套成熟可复制的通用化解决方案。TBaas 平台在金融、医疗、零售等行业都有成功的应用案例。

2018 年 8 月阿里云发布了基于阿里云的企业级 BaaS 平台，该平台构建于 Kubemetes 之上，支持超级账本 Fabric、蚂蚁金服自研区块链技术，以及企业以太坊 Quorum；可以实现环境的快速转化和设计，使相关业务场景能够在较短的时间内实现落地。该平台广泛应用于商品溯源、供应链金融、数据资产交易等领域。

2018 年 8 月，京东基于自主研发的企业级区块链底层引擎 JDChain 发布了区块链防伪追溯 BaaS 平台智臻链，平台中各层功能相对独立，各层功能配合为企业提供优质服务，目标是提供灵活易用和可伸缩区块链的系统管理能力，降低企业应用区块链的技术门槛及人力资源成本，促进区块链应用落地。基于 Kubemetes 引擎，该平台支持多种区块链技术底层，供企业根据不同业务场景进行选择，并支持企业自建 BaaS 平台，数据完全由企业持有，从根本上解决数据安全问题。京东更加侧重于产品的鉴伪，鉴别产品真假，保障产品质量，也更加关注产品追溯问题，确保产品从生产到流通销售等完整的过程都可以在数据链中进行记录和追踪。此外，医药追、数字存证等服务也是智臻链的应用场景。

2020 年，行业逐步共识数字化供应链是区块链技术创新与应用的优先场景，截至第三季度，京东智臻链防伪追溯平台作为供应链追溯的全球领先应用，已合作超 1 000 家品牌商，落链数据超 10 亿级，消费者"品质溯源"查询次数超 750 万次。2020 年，京东智臻链和中欧-普洛斯供应链与服务创新中心合作，通过对 438 个不同品类追溯商品样本的对照研究得出，智臻链防伪追溯平台的使用带来了整体销售增长的 9.97%，其中，母婴商品加购量增长 23.4%，营养保健品复购率增长 44.6%，母婴奶粉的退货率下降 31.7%，充分证明了区块链防伪追溯的应用价值。与此同时，京东数科正将基于区块链的供应链追溯能力扩展到大宗商品动产融资等供应链金融的新领域，其联合中储股份搭建基于区块链技术的大宗商品现货数字仓单体系已经在 2020 年正式发布上线，通过 AIoT 对仓库物资进行锁定并实时将数字仓单数据存证在区块链上，进而提供更针对性、多样性系统性的服务，包含交易仓储等，从而确保商品流通的安全性与可靠性，特别是对融资风控等问题进行有效控制和解决，进而有效保障多方主体的利益，创造更多价值。"供应链管理"和"数字金融"是京东智臻链重点推进区块链应用创新的两个领域，产业数字化大潮势不可挡。从可信供应链到数字金融创新，京东数科将会凭借在零售电商、自建物流、数字金融的生态服务能力，积极推动区块链技术的深度应用和与其他技术的紧密合作，联结合作伙伴共创数字经济增长新范式。

BaaS 平台为企业快速部署区块链应用提供了便捷的方式，使得没有足够资源去独立开发区块链应用的公司能够快速搭建区块链体系，这对于企业推广应用区块链技术具有重要的意义，然而 BaaS 平台依然面临不少挑战：一是不同服务商都是主打自己的生态体系，采用的密码学算法、共识机制、API 标准等都不一致，造成不同的链之间无法实现有效的数据交互，每个链都成了信息孤岛，这就需要进一步发展跨链技术，使区块链之间的价值交换成为可能；二是 BaaS 平台的商业模式尚在早期阶段，新的盈利模式很容易被模仿，因此产品存在较高的同质化现象。

2. 区块链的解决方案

针对客户特定的商业场景需求，区块链解决方案在底层平台的基础上进行扩展，提供一整套高度定制化的区块链技术解决方案，目的是让开发者基于区块链技术快速开发出去中心化的产品和应用，加快区块链的企业级应用落地进程。它的优势在于能优化整个业务流程、降低运营成本、提升协同效率。

区块链解决方案供应商关注的是区块链技术解决方案本身，并联合不同垂直行业来实现区块链技术的场景落地。区块链技术的特点和优势逐渐凸显，应用范围逐渐广泛，适用的产业场景更加多样。这主要是因为不论是何种产业场景，都有不可信环境下的交易，都有降本增利的需求，而这正是区块链技术所擅长的部分。目前，区块链技术解决方案主要的落地应用场景包括金融服务、公共事业服务、社会公益、供应链管理和物联网等，其中最为活跃的区块链技术应用领域是金融服务业，具体在数字货币、跨境支付、供应链金融、交易清算、保险理赔等方面已形成了一大批典型的应用案例。在实体经济和公共事业服务中，区块链技术应用已取得了较多阶段性的成果，包括物流防伪溯源、数字版权保护、电子存证、医疗服务、公益慈善。目前，在政府管理、交通物流、现代征信等领域成熟的区块链产品和应用相对较少，普及化的水平也相对较低，区块链解决方案正在逐渐发展完善。

目前，区块链解决方案供应商主要有互联网巨头（如百度、腾讯、阿里巴巴、京东等）、其他互联网企业（如网易、美图、暴风影音等）、初创企业（如趣链科技、云象、天河国云等）和传统企业（如中国平安、招商银行、微众银行等）。自 2016 年互联网巨头百度、腾讯、阿里巴巴、京东就开始进行区块链技术的研究和战略布局。2018 年，百度、京东等陆续发布白皮书，充分肯定和重视区块链技术的应用价值，并将其应用于供应链、公益慈善等相关层面，充分发挥区块链在多个层面中的作用。其中，百度、腾讯主攻金融领域的区块链技术应用，而阿里巴巴和京东则主要围绕商品防伪溯源和电商进行区块链应用。网易推出了基于区块链的网易星球，通过区块链加密存储技术将个人产生的数据转化成数字资产。暴风影音发布了智能硬件设备"播酷云"，让用户在贡献空闲带宽资源时获得基于区块链技术的奖励积分。美图基于区块链技术推出了一个去中心化、安全加密的身份通行证——美图智能通行证（Meitu Intelligent Passport，MIP），为用户构建全面的美图智能档案。

区块链产业初创企业包括趣链科技、云象区块链、天河国云等在产业落地方面也取得了很多成果。趣链科技是业内落地场景最多的公司，先后与近百家金融机构达成合作，提出了以金融业为核心的示范业务应用及通用行业解决方案，已上线的应用场景包括数字票据、应收账款、数字存证、数据交易、供应链金融、溯源、物流管理等。趣链科技开发了国产自主可控区块链底层技术 Hyperchain 平台，并推出了区块链开放服务平台——飞洛，该平台提供了各种场景化服务，包括面向供应链金融领域的飞洛供应链和面向存证溯源领域的飞洛印，以解决商业参与方之间的互信问题。目前，飞洛供应链已有数百家供应链企业入驻，飞洛印也已广泛应用于电子合同、药品溯源、电子证书等场景。

传统企业则针对已有的应用场景，通过自主研发、投资区块链公司或者战略合作等方式开展与区块链技术相关的技术和服务，进行区块链技术的应用试点。例如，中国平安推出了针对资产交易、征信的区块链应用。

根据赛迪区块链研究院的相关数据可以发现，我国区块链产业已获得了较大的发展，产业规模十分可观，增长速率保持在较高水平。企业规模也不断增大，目前约有 2 000 家以区块链作为企业主营业务。同时，基于此的投融资规模十分可观。这都表明，我国区块链产业已形成一定规模，在市场范围内占据一席之地，并保持积极向好的发展形态。

第三节　区块链和社会信任

一、传统互联网环境下的信任问题

现代市场经济不仅仅是一种经济运行模式，也是人类文明发展到一定阶段所需要的文明方式，这种文明方式是随着社会信任的发展而不断提升的。在市场经济体制下，竞争的目的永远围绕着如何降低交易成本、提升效率展开。而想要参与到这种竞争中去获利，个体与机构就必须让自己接受社会的要求与道德的约束，这也正是为什么专家们会认为"信用才是现代的核心"。

信任成本过高所带来的核心问题在于，一旦失去所依赖的信任中介，个体将面临难以维持原有生活模式的困境。

（一）传统第三方的尴尬：收益过低时，信用成本便会过高

金融领域历来面临的一大挑战即信用成本的过高。以旅行经历为例，当踏入人口稀少、经济相对滞后的地区时，人们会立刻感受到金融服务的稀缺。市中心常见的 ATM 机和银行网点在这些地方难觅踪影，对于习惯无现金交易的人来说，甚至连基本的餐饮消费都可能成为难题。这一现象恰如人体，仅有强健的主动脉是不足以确保血液遍布全身的，毛细血管的存在至关重要，它们确保身体各部分能够获得均衡的营养供给。一旦毛细血管出现问题，身体的健康状况便会受到影响。

对于银行而言，在人口稀少、消费能力较低的区域分散设置业务网点，无疑需要巨大的资金投入和人力资源。在回报率较低的情况下，银行自然会对此持谨慎态度。因此，随着互联网技术的兴起，金融领域率先进行了革新。其中，最具代表性的变革即为支付宝、微信等快捷收付款平台的出现。如今，即便是街头巷尾的小摊贩，也普遍采用二维码收款方式。这不仅极大地方便

了消费者，也降低了信用建立的成本。这些收付款平台依赖于互联网交易的大数据基础，使得信用体系的建设更为高效和经济。随后出现的 P2P 项目、众筹项目等，都使信用建立的成本下降成为一种大趋势。

（二）仅靠互联网大数据产生信用也会导致问题

高于银行利息的 P2P 理财、直接撮合买家与卖家交易的二手物品网站，以及朋友圈中常见的工厂直销模式，均得益于互联网所生成的大数据优化信用体系。尽管这种模式的信用成本较传统中介时代有所降低，但也伴随两大潜在问题。

1. 互联网公司的大数据形成了数据孤岛

事实上，无论是国内的阿里巴巴、腾讯，还是国外的谷歌、脸书（Facebook），它们均宣称致力于践行互联网的公开、透明和共享精神。然而，口号与实际行动往往并不完全一致。目前，这些公司并未将所掌握的大数据与他人共享。以 2011 年为例，国内快递巨头顺丰与阿里巴巴因开放数据接口问题相互指责，这反映出彼此均无意向对方开放客户数据。在当前背景下，大数据已成为每家互联网公司的核心内部资源，实现无边界的共享变得不切实际。因此，出现了"大数据集中"的问题，这导致互联网世界面临悖论：原本应追求共享、公开与透明的互联网，却因大数据的集中而呈现出"富者愈富"的马太效应。如果围绕互联网巨头形成数据孤岛，大数据资源将集中于少数人手中，全社会的数据环流将受到阻碍。

这些宝贵的数据资源仅为少数数据掌控者所利用，而用户作为大数据的生产者，未能获得信用资源上的主动权。显然，这种情况对于全球范围内的信用成本降低没有任何帮助。

2. 数据所有权的错配

每一次人们登录 App、使用软件发送请求或在淘宝上搜索物品时，都会产生与工作和生活息息相关的数据。这些数据的海量化来源于每一个参与者的行为，尤其是在像微信、淘宝等拥有庞大用户群体的软件平台上。然而，值得注意的是，大数据的所有权并不属于个体，作为参与者，个体实际上无法管理和控制自己的大数据。

2016年年初的"百度卖吧事件"就是一个典型案例，充分暴露了大数据管控权缺失的问题。在该事件中，百度贴吧产生的数据和资源的所有权本应属于用户，包括由用户选举产生的"吧主"职务。然而，百度却将这些大数据产生的效益进行了公开出售，引发了广大用户的不满，并导致百度信用度大幅下降。

同样，作为日常生活中常用的软件之一，微信也会产生大量的数据，这些社交交易数据理应完全属于数据生产者个人。按照互联网的共享精神，这些大数据实际上构成了一种"全球性的信用资源"。

因此，科技创新必须解决的一个重要问题是，确保大数据在共享的同时，能够清晰地界定数据的所有权归属。这对于保护个人隐私、维护数据安全和促进数据价值的合理利用具有重要意义。

二、区块链解决传统信任的痛点

（一）传统信任多为"形式信任"与"成本信任"

人类社会稳定与发展的基石在于信任。无论是部落时期的歃血为盟，还是各类组织和宗教的入会规定，其核心目的都在于建立和强化人际的信任。在这一阶段，信任主要依赖于个体的"自律"。

随着社会的进步，人们逐渐认识到，仅凭口头承诺或仪式性的行为无法真正实现信任。因此，出现了"抵子为质"的现象：古代盟国间互派王子作为人质，以及在日常生活中制定各种法律法规，都是通过"惩罚性机制"来约束人们的行为。在经济领域，这种惩罚性机制则以"合同"的形式体现。

然而，尽管合同等法律手段看似建立了信任，但在实际操作中，利益往往成为影响信任的关键因素。例如，当面对更高的利润诱惑时，个体可能会选择违约，即使这意味着需要承担一定的违约成本。在这种情况下，传统的信任模式更多地表现为一种"形式信任"和"成本信任"。

以供货合同为例，当合同规定的违约成本远低于可能获得的利润时，个体可能会选择违约。在这种情况下，即使合同存在，也无法真正保障信任的实现。当然，现实生活中的履约因素远不止价格一项，信任也贯穿于各种社会交往之中。但这一例子足以说明，传统信任模式在强调"形式信任"和"成本信任"方面具有一定的局限性。

（二）区块链不会创建或消除信任，仅更新信任的表现形式

在当今社会，大规模分工协作已经成为常态，而建立在此基础上的信任机制则显得尤为重要。随着互联网技术的广泛应用，人们发现，在这个信息高度互联的时代，建立和维护信任变得更加具有挑战性。尽管互联网成功实现了去中心化的链接和信任来源，但它无法确保信任传递的真实性和安全性。在互联网时代，验证信息真伪成为一项持续的任务，人们每天都在努力辨识各种信息的真实性。从社会层面来看，这导致了资源的浪费，阻碍了进程的优化，且虚假信息随时可能出现。

信任的真实性直接关系到个人信息、社交账户及电子财务的安全。一旦信息被拦截或篡改，将带来巨大的风险。网络带来的便利反而可能助长数据篡改和虚假信息的传播。区块链技术的发展正是因为该技术能够对上述问题进行规避和解决，使交易活动哪怕处于风险相对较高的情况下也能构建更加信任安全的生态体系。通过区块链技术，我们可以更有效地确保信息的真实性和安全性，促进社会的持续发展和进步。

（三）区块链解决传统信任与互联网信任的痛点

目前，比特币、以太坊等区块链技术的发展路径各异，但开发者们普遍认同其能"建立信任"，或允许双方进行"无需信任"的交易。区块链技术并

未创造或消除信任，而是对信任的形式进行了更新和转化。过去，我们依赖于证券、银行等金融机构来验证交易，这需要我们牺牲隐私、商业机密和资金等利益来建立信任，而现在，我们只需信任区块链技术本身。在人类历史上，金钱或黄金从未在没有中央当局或主权机构支持的情况下正常运行。由于比特币、以太坊等区块链技术追求去中心化，它们未来是否能成为主流尚不确定。当通过传统方式向客户汇款 1 万元时，银行作为权威机构会核实账户余额，并从账户中扣除相应金额，然后转入客户提供的银行账户。区块链的工作过程是这一过程的分散版本：所有这些信息都不是被银行保存与验证的，而是在"公开的账本"上展开的。

比特币的转让过程，如当某人转让十个比特币时，该交易会经过矿工/节点的验证，随后利用技术手段进行加密，并被写入区块，进而被纳入公开账本中。由于整个验证流程完全由区块链系统自主完成，因此用户无需依赖任何可信赖的中央机构。相反，信任从原先的中央权力机构（如银行）转移至众多分散且匿名的参与者（矿工）身上。正因这种去中心化的特性，区块链技术被专家誉为信任连接器。它通过算法和技术架构，实质上解决了去中心化环境中的信任问题，从而构建出一种全新的信任机制。尽管区块链所创新的这种信任方式可能并非完美无缺，它依然不能直接确保信息来源的真实性，但其在防止信息传递过程中遭受恶意篡改和扭曲方面的努力，已经超越了以往的所有技术，这也是区块链技术的先进性之一。

第三章　区块链技术与其他新技术的融合

随着比特币的涨跌起伏，区块链技术大火，与人工智能、物联网一样成为技术"风口"。人工智能更加注重强调赋予个体以人的智慧和思考能力，能够使个体具备一定的决策能力，并不断进行学习，不断补充新的知识，持续增加个体的知识储备，提高决策的准确性。互联网的发展使个体之间能够互相连通，实现信息的沟通和交流，进而实现协同一致、相互配合的目标。区块链实际是在机器之间形成群体性契约，这一技术之所以备受欢迎是因为其有独特的去中心化属性和特征，不需要有单个中心作为发出指令的中枢，而是通过单点之间的相互连接构成共同契约，这一契约势必是所有单点都认同且服从的。

因此，在当前环境下，区块链技术的应用和发展需要以人工智能、物联网、云计算、大数据等一批先进技术作为支撑。同时，区块链的发展也对推动这些新技术的产业发展具有重要价值。本章主要介绍了区块链技术与人工智能的融合、区块链技术与物联网的融合、区块链技术与云计算的融合、区块链技术与大数据的融合。

第一节　区块链技术与人工智能的融合

区块链和人工智能是促进当今各个行业转型和创新的重要技术，也是科技行业中非常前沿的两类技术。不同的技术所拥有的技术复杂性（Technical complexity）和企业价值（Business values）各不相同。实现区块链和 AI 技术的成功融合，将会对人类社会的发展有着重要意义。

目前相关领域对两者融合持积极态度并进行有效尝试。Everledger 是推动区块链技术出现的公司，该公司认为区块链技术和其他技术的紧密结合是大势所趋，也持续集中人力和资源用于研究和推广，试图通过研究设计出珠宝追踪和鉴定平台，通过打造这一平台加强对珠宝的跟踪和溯源，对珠宝真实性进行鉴别；借助区块链的特征确保相关数据是真实、有参考价值的，并且借助人工智能的优势和特点自动性开展追踪服务。人工智能以其独有的技术优势正在占领着科技发展的制高点，而区块链的加入势必会带来技术方面的突破。随着科学技术的发展，我们将能更快地体验到区块链＋人工智能所带来的好处。

一、人工智能技术

人工智能（Artificial Intelligence，AI）从学科的角度来说，是计算机科学领域的一个分支，是主要涉及研究、设计和应用智能机器等方面的智能科学。人工智能实际是使机器具备人的智能属性和行为，包含学习、识别等活动，是对人的意识、思维的信息过程的模拟过程。1956 年，人工智能这一概念最初于达特茅斯学会上提出，但在 1975 年之后学者们才开始重视人工智能并着手研究。1986 年后，很多学者研究并实现了 BP 网络，同时期伴随着计算机硬件能力快速提升，BP 算法在实践上得到长足进步。2006 年之后，随着移动互联网的发展，海量数据爆发，深度学习算法在图像和语音识别上实现突破，人工智能商业化开始高速发展。

人工智能应用的场景很多，目前主要有金融、公共安全、教育、交通、医疗、智能家居等领域，算法工程中的机器学习（Machine Learning）和深度学习（Deep Learning）承担了其发展的重要角色。机器学习是人工智能的核心，主要是对学习相关的算法进行研究，通过导入算法使计算机能够具备学习这一行为的能力，结合相关数据构建模型，进而更好把握事物本质或其运行规律，借助数据分析实现数据预测。深度学习是非常高端的机器学习模式，主要通过模拟神经元，构建神经网络模型，进而模仿人脑机制，以更好地对数据进行分析和解释，它是目前计算机视觉和语音系统的主要实现方法。

人工智能技术具有自动、简便、高效、精准等数据处理和预测特点，包括三大要素：数据、算力和算法。大多数人工智能应用都要求以高质量的、大量的数据为基础，通过高效、精确的算法进行模型设计，再通过云平台或高性能个人计算机进行模型训练，最终获得能够实现某种功能的模型用于解决实际问题。一些互联网巨头如苹果、谷歌、阿里、腾讯等拥有海量用户的公司，标注数据工作多为外包项目，标注数据的质量对其人工智能模型的正确性有较大影响。另外，在工业领域，往往需要对大量图片、视频、场景等进行训练，这导致巨大运算量的产生，许多公司不惜重金配置了图形处理器（GPU）、现场可编程门阵列（FPGA）等硬件，资金负担过重。由于算法方面的专家较少，这可能导致更好的算法程序没有被开发出来。这些问题都成为人工智能行业发展中的重点和难点，至今没有得到有效解决。

二、人工智能＋区块链融合

从技术层面来看，区块链技术具备的显著特点为共识算法，通过这一算法对数据进行存储和分析，借助智能合约对数据进行有效处理，在运行过程中借助密码学技术有效确保信息的安全性，避免信息数据丢失造成不可避免的损失。同时，这一技术还具备显著的去中心化特征，这也是该技术最为重要的特点。此外，区块链技术还具备不可篡改的属性。AI 技术中数据、算力、算法是最为重要也最为核心的要素，这些是促进 AI 发展的核心动力，能够帮助构建更加开放、高效、经济的数据、算法及计算能力市场。因此，根据二者的特点可知，区块链和 AI 能够在数据、算法和算力等方面相互融合、赋能发展，开拓更广的技术前景。

2018 年，《"区块链＋AI"行业研究报告》明确表示区块链技术和人工智能技术的结合具有非常可期待的发展潜力，两者之间的结合能够真正做到相辅相成、相互促进，借助于人工智能技术能够更好地推动区块链技术的应用，提高其智能性，借助区块链技术也能更好提高人工智能技术的自主性。两者的紧密结合不仅能够推动技术的有效发展，也能创造更多价值。区块链＋AI的优势和创新如下。

（一）区块链为 AI 提供高质量数据来源

AI 技术的应用离不开可靠的、高质量的数据基础，但目前 AI 建模中的数据收集和运用存在多方面的问题，如数据来源不可信、数据质量差和数据难共享等。AI 在大数据时代引发了数据交易市场的风潮，许多互联网公司都争先恐后抢买、收集各类数据。但这些数据往往来路不明，其真实性和可信度普遍较差，更有一些数据商贩将一些过期失效的数据篡改后反复售卖，造成市场上许多"脏数据"流动。这些数据实时性很低，会造成数据精确标注和 AI 建模的效率低下，影响 AI 预测的准确性等。

区块链技术本身所具备的不可篡改属性能够有效保障数据的安全性，在安全的基础上有效实现数据的互通和交流，进而使人工智能技术获得更多可参考的数据，为其应用提供有效支撑。

具体而言，区块链技术拥有的不可篡改属性使得数据真实性得到有效保障，可追溯性则确保数据从采集到分析的每个环节都做到留痕。应用区块链技术的每个主体都不能对数据进行修饰或改变，使数据更容易获得大家认可和信赖，人工智能根据真实的数据开展建模，设计和演练出更具有代表性和可操作性的模型，且区块链技术具备同态加密等技术，这也使得相关方可以在确保数据核心或细节不被泄漏的前提下完成数据共享，开展协同计算。例如，IBM Watson Health 基于区块链技术构建医疗数据交易新模式，这种模式能够实现医疗相关数据的共享，但不会泄露病人隐私，只将其作为不同案例进行分享，相关使用方可以通过其了解不同病症的诊断情况和医疗信息，基于这些信息开展建模，推动医疗诊断的发展，提高医疗服务质量。区块链技术的激励机制有效推动了该模式的发展，提供数据的参与方能够获得一定奖励，有效提高了其参与的积极性，也使得其收集的数据越来越多。不仅如此，共识机制也发挥着重要的作用，收集后的数据会进行审核和确定，若不符合要求则会被删除，通过这种方式提高了建模的科学性和有效性。

区块链和人工智能技术的紧密结合，能够使区块链技术提高数据应用效率，加强对其授权范围的规范和划分，有效实现信息数据共享；人工智能技术能够获得更加真实有效的数据，更便于开展模拟，在区块链技术支持下能够更好地发挥作用，可以拓展区块链数据的使用空间。

（二）区块链为 AI 提供分布式算力

在算力层面，人工智能更加侧重于借助大型云计算平台开展针对性模型计算训练。但当其收集和需要分析的数据越来越多或者计算的难度逐渐增大时，势必会给云计算平台服务器提出更高要求，这样就导致了企业资金投入越来越多，才能满足更好的硬件设备和维护成本要求，这种庞大的电力消耗方式必然不是最终的可行之举。随着共享经济的到来，结合全球闲置的计算机算力则可使 AI 建模成本降低，并提高资源的利用率。

区块链则是一种分布式的网络结构，能够实现算力的去中心化，可以更好地管理和共享计算资源。不仅可以利用数据中心的计算资源，还可以将闲置的、分散的计算资源协同和共享起来，既包括云计算资源也包括离散的计算资源，构建起更庞大、交易更便利的计算资源池。同时随着 5G 及 IoT 发展，边缘计算、雾计算等离散的计算资源需要一种更广泛、更可信的管理网络，区块链提供了一种共享、透明、可交易的计算环境，可以将这些资源组合起来。区块链技术支持 AI 算力设施基础平台，能够有效提高设备的运行水平，进而提升算力。同时，在全球的去中心化海量节点上运行神经网络模型，区块链利用全球闲置节点的计算资源开展计算，同时依靠智能合约动态地调整计算节点，可控地为用户提供所需的算力。因此，与区块链技术紧密结合后，人工智能产业行业能有效解决训练数据多、时间长等问题，有效推动行业发展和进步。

（三）区块链让 AI 市场更加安全、公平和开放

区块链可以帮助构建去中心化以及更高效、安全的身份标识系统，实现万物互联设备的安全认证。依托于区块链，人工智能的安全机制将得以提升，人工智能借助契约能够加强有效管理，提高整体运行的安全性和可靠性。例如，IoT 的设备使用者在使用之前需要同意并履行智能合约，会受到合约的约束和限制，区块链也会根据用户的实际情况对其访问权限进行设计和限制，提供更具有针对性的服务。这种用户分层级访问，不仅可以防止设备被滥用，还能防止用户权益受到侵害，如信息泄露、越权访问等。区块链发挥了基础作用，基于区块链构建的信用系统更加有效和可信，因此，AI 结合区块链的管理会给 AI 的发展注入更加健康的因素。基于区块链构建更加透明的交易市场，会更加公平。基于全民参与的特点，更为广阔的平台被建立起来，这有利于价值的对等交换。A1 与数据的交换以及价值体现，在区块链中更容易实现，因为区块链消除了交易的信息不对称以及壁垒（如现在的比特币），AI 产品交易等价值交换会因为区块链的加入而更加安全且有效。

（四）AI 致力于提升区块链智能合约的智能化

智能合约是一种计算机协议，目标在于对合约进行谈判，要求其履行合约要求的责任和义务，进而确保交易安全顺利进行。区块链技术的发展和应用有效推动智能合约内涵不断充实和发展：其是受事件、状态驱动的代码程序，按照一定要求对区块链数据进行储存和处理，并对相关数字资产进行管控。该合约能对区块链中的交易进行有效处理，如为交易提供针对性的自动化工具等。此外，其应用范围还包含执法、监管等，但需要注意，该合约并不具备法律约束力，功能上也并非智能。这源于其代码缺乏真实合同的基本要素，如条款、条件、争议决策等。另外，合约代码过于单一化，因此在实际应用中缺乏灵活性，这种确定性的合约处理缺乏真正的智能。

AI 为区块链的功能相对简单的智能合约技术提供更多可能性。改进智能合约原有的算法程序，有助于实现真正的智能化，构建全新的区块链技术应用能力。一方面，人工智能能够有效提高智能合约的预测判断能力。例如，人工智能的应用能够有效提高保险反诈骗能力，借助人工智能技术构建风控模型，进行欺诈预测，按照智能合约的相关内容进行针对性处理。通过人工智能的应用，能够有效加强对风险的分析和判断，更好地开展信用评级等相关工作。另一方面，人工智能的引入能够提高合约的仿生思维性。如可以将用户输入信号进行转变，使其成为合约代码，即构建起了商业和用户之间的智能协议。人工智能本身具备较强的学习能力，通过不断充实自我、不断摸索还可有效提高公有化算力，这也有助于区块链合约的不断更新。

在区块链的交易中大量使用智能合约，这种机制非常适用于 AI 相关产品的交易。例如，将提供的数据放入算法或模型，在不同的 AI 模块计算后的结果也同样数据化。整个交换的过程通过智能合约自动地执行，显著优化了交易过程，使其更有利于 AI 价值的交换。同时区块链本身具备的激励机制，通过 Token 等也容易实现价值的度量。区块链＋AI 技术特点见表 3-1-1。

表 3-1-1　区块链＋AI 技术特点

	区块链	AI	二者融合
数据	数据可信度保证数据隐私安全与保护	依赖于高质量、高可靠的数据需要多数据主体下的多维数据	区块链为人工智能提供了高质量的数据来源，同时保证了数据的安全和共享
算法	智能合约自动化监管智能合约智能化欠缺智能合约灵活性不足	有助于建立复杂智能合约代码有助于解决人脑弱势领域中的预测和分析问题	人工智能为区块链智能合约增添智能化效应，改善合约代码的单一功能性
算力	去中心化分布式结构共享计算资源环境	传统中心式计算成本过高资源利用率低，代码漏洞易被入侵	在保证安全性前提下，区块链的分布式结构为人工智能提供更多分布式算力，减少了多余成本

综上，区块链和 AI 的结合主要体现在七个方面：一是应用区块链技术能够有效提高数据的安全性，确保数据是真实、可参考的；二是应用区块链技术能够收集更多的数据，提供给人工智能，解决人工智能数据供应难的问题；

三是应用人工智能技术能够有效提高智能合约的自主性和智能性；四是应用人工智能能够有效控制资金和电力成本，减少阻碍区块链技术应用和推广的问题；五是应用区块链技术能够使人工智能的数据分析和处理更具有参考性、真实性和可信任度；六是运用区块链技术能够有效缩减人工智能技术的训练时长；七是区块链技术的应用对于营造人工智能行业整体发展环境有非常重要的影响，有助于提高整体的公平性和开放性。

三、人工智能+区块链应用

AI 和区块链技术是我国经济转型升级和应用技术创新发展的核心关键，二者的成功融合与应用将对社会发展产生深刻的影响。自 2017 年，人工智能技术在越来越多的行业和领域开展应用，如教育、医疗等，AI+区块链+教育、AI+区块链+医疗、AI+区块链+汽车、AI+区块链+金融都在逐渐开展并实现多元技术融合。下面列举几类 AI+区块链的实际应用和项目。

（一）区块链与金融智能

目前，金融智能主要涉及数据和信息的大规模交换、客户背景调查及事务的实时处理等领域，而且通常会涉及多个合作方，对数据和信息处理的安全性有较高要求。随着全球贸易和人员流动的加剧以及智能投顾的规模化应用，金融行业对效率和稳定性的要求大大提高。现有的金融系统大多缺少多方参与的同步机制，各方独立存取自己的数据和信息，造成数据和信息交换时的额外代价，进而影响其他业务的效率。区块链的参与将会使这些问题得到解决，下面举一些典型的应用示例。

1. 票据交换

票据交换是金融智能的潜在应用领域，大多数金融应用都会涉及票据的交换。利用区块链技术，金融应用的相关方接入区块链平台（同一个区块链平台或者不同区块链平台），就可以实现实时、定点交换票据及交换记录的可追溯性。

2. 跨境支付

跨境支付是全球化的重要产物，也是金融智能的一大应用领域。目前，全球各类商业活动的开展、各类跨境商品的流通、各类跨境服务的获取等，都需要高效的跨境支付技术的支持。在跨境支付中的各参与方，包括金融机构、支付网关、监管机构、收款方、付款方等，都可以通过区块链平台共享支付信息，实现资金流通及对交易的记录和监管。

3. 交易行为

交易在金融应用中非常普遍。任何交易的开展过程都可看作执行某一合约的过程，交易各方需要遵守预先的规定，任何一方都必须在约定的条件下从事既定活动，不遵守约定的行为均被视为违反规定。区块链中的智能合约技术可以被用于各类金融交易，确保交易合规并符合监管要求。

4. KYC 环节

KYC 是 Know Your Customer 的缩写，即了解"你的客户"。KYC 是金融业务开展的重要准备环节，是其他后续业务的基础。在 KYC 环节会面对多个机构或部门的零散信息。通过区块链平台，客户的零散信息可以被获取并重新整合，使每部分的零散信息都可以被验证。

5. 供应链金融

供应链金融是全球化的产物，主要解决供应链中的资金融通问题，减轻企业现金压力优化和提高供应链的效率。利用区块链的通证系统，供应链上下游的双方可以先用下游企业通证结算，以下游企业的信用作为抵押。这一措施在一定程度上减轻了下游企业的压力。

6. 市场情绪分析与去中介交易经纪人

关于市场情绪分析及去中介交易经纪人（IDB）方面，利用 AI 进行深度学习和时序分析，再与区块链技术保护下的个人数据相整合，为个人提供更精细的交易服务。具体来说就是从用户面板上采集和处理大数据，通过 AI 分析用户情感数据，对市场波动进行估算，最后自动化下单。利用机器取代人，提升效率，降低了 IDB 佣金。

7. 检测金融欺诈行为

使用 AI 开发的交易机器人，在区块链上实现高频、加密的交易，其中心化特点大大降低了人为操控的可能性，降低了金融欺诈风险。此外，AI 监控加密市场，让黑客的恶意攻击变得更难。目前有 Aigang、Autonio、Endor、Numeraire 等项目涉及该领域。

当前，一些企业和组织已经将 AI 引入区块链中，并已产生成效，已经有数个有前景的项目采用了跨领域的技术，如基于区块链的 Corex 宣布推出了一款基于 AI、面向 DApp 并有助于优化金融服务的网络平台。Cortex 公司希望利用该技术为去中心化的金融服务生成信用报告，构建更好的反欺诈系统，甚至以此协助游戏产业和电子商务。在金融服务领域，诸如 Peculium（一家储蓄管理平台）、AIX（一家可供交易员直接交易的金融交易平台）和 Autonio（一个便于加密交易的交易终端）等公司都提供了对现有解决方案和工具的改进。在我国的互联网公司中，百度的人工智能技术和浦发银行、中国人寿等多个公司开展合作，共同推进智慧金融的有效发展。此外，百度与海尔也建立了良好的合作关系，通过引入百度的"ABC＋IoT"技术有效提高海尔产品的质量，进而形成全新的智慧家庭模式，提高人们生活的便利度。

（二）区块链＋AI 数据类项目

有关数据服务类的项目涉及数据来源、数据存储、数据安全保护、防数

据造假和数据清洗标注等。现已经有不少公司和团队开始对数据项目进行主
网上线，如 Bottos、AIChain、Data、Atn 等，它们有的提供协调 AI 服务的协
议；有的帮助用户自定义 AI 服务（AIaaS）；有的利用去中心化实现广告监管
和奖励分发系统的公链。

1. Bottos

Bottos（BTO）项目采用数据挖矿的方式实现用户数据变现。用户不需要
将大量的算力投入挖矿中，只需要拥有所需的测试数据（测试数据可以是方
言、一些鸟类的照片或者叫声），就可以获得代币。Bottos 项目构建的数据交
换市场，提供了基础的存储服务，可以帮助用户存储短时、少量的数据，数
据交换市场为有大容量、长时间存储需求的特殊客户提供了储存交易市场的
可购买的服务。

为获取优质训练数据，Bottos 项目采用社区节点多角色参与清洗和标注，
但其清洗和标注的落地方案作为技术保留，没有在项目白皮书中披露。其底
层技术是通过对当前区块链技术的总结，首创了一种积木式动态节点模型（见
图 3-1-1），以实现动态编排区块链节点，让系统支持不同节点类型，构成不
同的服务网络，实现分层和模块化构架。

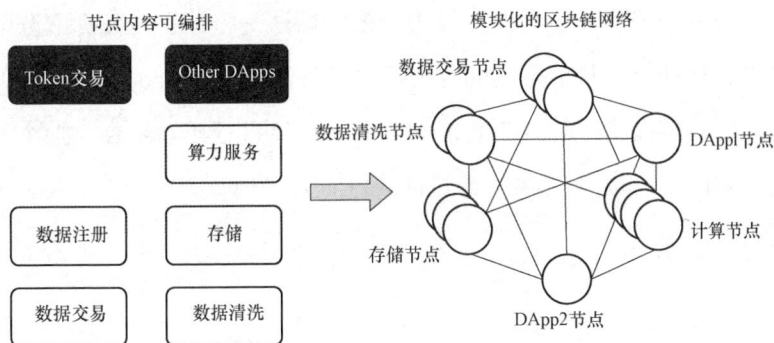

图 3-1-1　Bottos 积木式动态节点模型

2. AIChain

AIChain（AIT）希望冲破全球的数据垄断壁垒，打造由区块链驱动的人工智能生态系统，让用户、应用开发方等多个主体借助区块链发布和使用资源，使用户能以更低的技术门槛将人工智能应用生态引入到区块链中，打造去中心化的、无需授权的、用户自定义的人工智能服务的公链。其资源分享平台示意图如图 3-1-2 所示，但分享平台存在两个技术落地的难题：一是链上资源如何安全保存，二是如何撮合资源所有者和资源需求者交易。

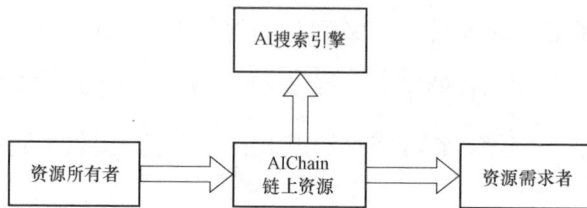

图 3-1-2　AIChain 资源分享平台示意

（三）区块链 + AI 算力类项目

算力类项目涉及算力交易和算力分配。算力交易是指公链中的节点通过安装挖矿（Mining）软件及基础人工智能运行环境，参与算力的贡献，然后算力购买方与算力出售方通过任务竞价等模式进行交易。在算力分配中，区块链本身是分布式的计算资源，算力分配的做法是将计算任务拆解分配给大量计算机并行计算。目前常见的算力类项目有深脑链、Hadron 云、Hypernet等。利用区块链技术，将人工智能和分布式计算进行巧妙结合，把个人或企业闲置的 GPU 当作计算节点，通过区块链有效实现算力共享，为人工智能提供算力供给。

1. 深脑链

深脑链是一个由区块链驱动的人工智能计算平台，致力于成为"人工智能界的云计算平台"。深脑链通过智能合约在交易平台上进行算力交易，运用动态计算协同计算节点，利用闲置计算资源降低成本。算力分配模式采用竞争部署挖矿，拥有节点分散、去中心化程度高等优点，其挖矿节点架构如图 3-1-3 所示。但是深脑链暂时还未公布算力分配技术等内容。2018 年 8 月 8 日，深脑链 AI 训练网络正式上线。

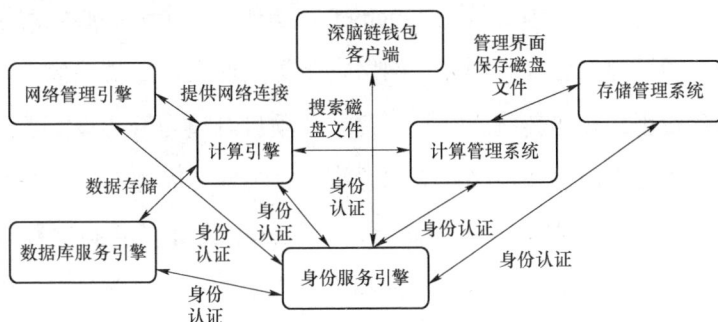

图 3-1-3　深脑链挖矿节点架构

2. Hadron 云

人们可通过计算机、便携式计算机和大多数移动设备，向基于 AI 计算的浏览器或线上平台提供算力，并将算力数据通过 Hadron 出售给客户，以此得到 Hadron 令牌作为报酬。Hadron 的算力分配是通过在区块链层下面创造新编程模型，解决连续的通信进程计算有关问题。目前在区块链行业里，用全新的区块链协议有效支持百万级任务分发和协作，是一个新颖的做法。此项目的主要亮点是：（1）每秒数百万次的任务，专为全球用户群设计，Hadron 用全新的区块链协议有效支持百万级的任务分发和协作，这远远超出了现有的区块链；（2）一个简单的应用程序，可由许多方法来赚取，即用户可以安装 Hadron Workforce App，通过在类似游戏的环境中执行人工智能任务来赚取闲置设备的收入，并积极获取收入；（3）无信任、无状态、可扩展的支付，与支付渠道和团体彩票不同，Hadron 的支付协议是无信任的、无状态的、可扩展到无数的工作人员。目前 Hadron 已与谷歌、美国航天局（NASA）、区块链上的全球经济操作系统（AIKON）等合作，通过令牌交易的方式，为它们提供算力数据。

3. Hypernet

Hypernet 于 2018 年 1 月被创建，着重介绍了算力分配的安全保护机制，但没有提及如何进行算力交易。Hypernet 意图建立一个去中心化的全球算力市场，用户通过提供存储、CPU、网络宽带等获取代币激励，代币可以用来支付云服务费用。相比传统云计算厂商，该项目有望为云计算需求方提供性价比更高的算力资源，在边缘计算和并行计算领域有优势。

为促进算力买卖双方之间的交易，Hypernet 设计了复制过程（Process Replication），这可以确保计算过程的损失不会影响整个作业。当一组节点被分配相同的一种数据时，各节点可以通过哈希的运行结果，保证任何参与人不会被骗。这个过程的结构跟已使用在其他分散式项目（Proof of Spacetime）中的结构一样。Hypernet 软件基础架构（见图 3-1-4）包括三个主要组件组成：区块链资源调度程序、基于分散平均分配规则的 API、Hypernet 的运行环境。目前该项目还处于隐私保护沙盒开发环境的阶段。

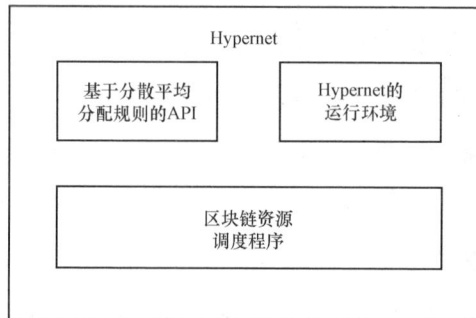

图 3-1-4　Hypernet 软件基础架构（算力平台）

（四）数字资产生态系统

AIC（Artificial Intelligence Coin）是数字资产生态系统中的基础代币，用

于数字资产交易、数字资产支付、区块链交易手续费支付等，是数字资产生态系统中的交易媒介。

由 AIC 构建的数字生态系统，是全球第一个让区块链的可信价值能够传递到日常场景的智能系统。以区块链技术和人工智能技术为基础构建的智能化的可信体系，结合 AIC 的智能数据分离和价值数据共享机制，能让用户数字资产得以确权流通、创造财富。人人都可以利用 AIC 构建自己的数字资产价值体系，并在此基础上创造新的数字价值。AIC 的目的不是打造单一的数字资产确权、交易、消费的体系，而是利用人工智能和区块链构建新的资产价值应用体系（线上互联网数字资产＋线下实体数字化）。目前，数字资产领域都是各自为营，很难形成一个有效的、彼此价值可以互相传递和转换的生态系统。而 AIC 将区块链技术和人工智能技术相结合，构建符合当下和未来发展需求的数字资产生态系统。AIC 数字资产生态系统可以解析成四个层次。

1. AIC 为数字资产确权

AIC 构建可信体系，为用户的每份数字资产进行标记确权。用户对其创造的数字资产享有所有权和收益权等权利。如果这种权利得以实现，就可以大大减少现在互联网中直接复制别人创造的价值为己用的现象，保护原创者的价值，减少侵权行为。

2. 区块链和智能合约

智能合约的内容需要在节点之间相互计算、印证，而存储数字内容的有限性和计算力的不足无法满足人们的需求。AIC 采用人工智能技术对数据进行挖掘（DataMining）、智能化分析和筛选，提炼出有价值的数据进行存储和印证。对于节点资源的优化和升级，可以采取集群式节点，随着科技的发展，手机等智能设备的计算能力得到飞速提高，但是很多时候这些算力都处于闲置状态。AIC 充分利用普通用户智能设备的闲置算力作为节点算力资源。节点的印证关系采用"多主链"＋"多维度"相互印证的方式，避免了单一主链拥堵的现象的发生，确保数据安全、真实、有效、快速地存储和印证。

3. 数字资产和交易平台

用户用 AIC 数字资产生态系统，可以创建自己的数字资产和交易平台，用户的数字资产可以交易、消费等。开交易所，就像开淘宝店一样简单，无须付出高昂的技术服务费，也无需招聘人才管理网站。AIC 数字交易生态系统一站式解决方案，让用户轻松创建自己的交易所。

4. 多应用无缝连接

AIC 数字资产生态系统是一个开放式的生态系统，技术人员无须利用新的编程语言就能进行开发，只需将有的应用与 AIC 接口连接在一起，同步生成唯一的会员身份 ID，相关数字资产将一键式转换和确权。将应用上的会员、信息、财产区块链化，实现应用的价值化，从而创造更多的财富。

四、人工智能 + 区块链落地与发展前景

（一）目前发展现状

在我国，人工智能的发展受到高度重视，2017 年，国家相关部门出台了关于人工智能发展的相关政策文件，对人工智能发展制定了明确详实的发展规划，制定了不同阶段的奋斗目标。要求截至 2020 年，总体技术要能够跟上世界发展的脚步，要在世界范围内有一席之地，要推动人工智能产业的高效发展，使其成为推动经济社会发展的全新动力，要借助人工智能技术深入推动民生领域的发展；到 2025 年，相关理论要取得阶段性重大突破，要能更好指导实践，指导技术应用和推广，部分技术要达到顶尖水平，在世界范围内占据竞争高地，要成为推动产业转型升级的重要动力，要为经济社会发展提供有效助力，更要借助于此建设智能社会，提高社会的发展步调；到 2030 年，理论和技术都要达到顶尖水平，要在世界范围内处于头部地位，要使我

国成为世界领域内人工智能创新的中心。2019 年，中国科学院大数据挖掘与知识管理重点实验室发布了《2019 年人工智能发展白皮书》，对人工智能关键技术（计算机视觉技术、自然语言处理技术等）、人工智能典型应用产业与场景（安防、金融等）做出梳理，同时强调了人工智能开放平台的重要性，并列举了阿里云"城市大脑"等典型案例。

相比于人工智能技术，区块链技术目前起步仅十余年，经历了三个阶段，即起步期（2009—2012 年）、雏形期（2013—2017 年）、发展期（2018 年至今）。目前区块链技术大规模的应用落地仍然需要长时间累积。"区块链＋AI"是新一代技术相互赋能的代表，区块链技术在 AI 领域的探索，有助于加快新兴技术的落地实践，并在实践中不断完善。但当前的"区块链＋AI"项目绝大多数还处在概念验证或早期应用阶段。未来区块链结合 AI 的应用空间非常大。随着应用间的协同和互操作越来越深入，行业间的协同越来越普遍，区块链与 AI 结合的应用将向上行至体系结构中的协作机制层与智能社会层，届时区块链与 AI 结合所能发挥的作用将不可限量。

（二）未来发展趋势

在商业趋势上，初创企业与 BAT 等大企业相比在资源方面处于劣势。初创项目未来会着力解决长尾市场的痛点，当市场处于熊市时，更看重项目方的盈利能力。未来去中心化的算法交易市场更易落地，用物质奖励来刺激机器学习专家开发模型，性能最好的模型会获得更高比例的收益。要让去中心化的 AI 市场发挥作用，就需要运用各种安全计算技术，包括联合学习等，保证个人和企业提供的任何模型参数都能以完全私密的方式被处理。

在技术趋势上，总体的趋势是利用 Token 模型构建底层价值网络，保证区块链节点的积极性，提升区块链的可扩展性，扩大整体容量和优化性能，具体还有存储、硬件和 AI 算法安全性趋势等。

（1）建立相关的经济模型。区块链＋AI 项目中包括数据的提供方和购买方、算力的提供方和购买方、算法的提供方和购买方。如何协调 AI 生态中各种角色的经济激励，使更多的数据、算力和算法在平台上交易，是未来研究的新理论方向。

（2）存储趋势。未来会出现更好的垂直性储存。在训练 AI 模型的过程中，要训练属于自己的模型就需要提供自己的数据。为了保障数据共享，会出现专门应用于 AI 领域的数据存储协议，借助区块链存储大量数据。

（3）硬件趋势。未来会出现适用于区块链＋AI 的专用芯片及手机等硬件，因为深度学习训练算法的不确定性，以及深度学习以 GPU 计算为主的特性，简单的硬件无法支持矿工所做的深度学习训练。未来的硬件配合专用的协议，可以解决均等分配计算任务的难题，使得在矿工挖矿、区块链记账的同时，也能帮助解决 AI 计算问题。

（4）AI 算法安全性趋势。区块链是去中心化的组织形式，AI 算法如果架构在去中心化的区块链上，就没有任何一家公司能控制它，随着被用在各种区块链上的重要场景中，AI 算法容易失控，所以一定要高度重视 AI 的行为安全。

（三）面临的挑战

人工智能和区块链的结合能够带来前所未有的创新和变革，也具有非常广阔的发展空间，但不可否认两者在融合探索过程中可能存在一些问题，一方面，两者都具备各自的局限性，可能会由于各自的局限性而影响融合，或在融合过程中依旧无法突破局限性的限制；另一方面，两者的融合可能会对各自优势产生一定的削弱作用。此外，两者融合还面临政策、技术等方面的问题。

1. 政策性风险

区块链面临的政策风险始终存在，能否借助区块链技术的通证鼓励人工智能开发，以及区块独特的代码行为缺乏相应的法律规定等，目前从政策等方面对通证还尚未有明确的定义和指向。

2. 技术融合的不确定性

作为两个前沿的新兴技术，人工智能和区块链尚都处于待成熟的阶段。想要实现两者之间的紧密结合、推动其研发和落地目前在技术层面还存在一定的不确定性。目前，区块链的主要问题为扩容、隐私和计算能力，主流的公有链难以支撑 AI 的链上实现。

3. 大规模的社会应用面临挑战

数据共享威胁大型企业利益，数据中心化受到削弱后，势必会影响大型企业的竞争力，减少其竞争优势，使其处于更加激烈的市场环境中。如果任何人都可以访问这些数据集和进行计算，那么任何人都有机会与世界上最大的公司竞争。从技术领域中去除这些阻碍将会促进社会发展，但共享市场可能会让大公司感到担忧。如果任何人都有能力在世界上制造出最好的人工智能产品，那么市场将由许多大型企业、初创企业和小企业共同分享。之前使用用户数据来制定广告或业务策略的公司和组织将再次被迫以间接的方式获取用户数据。因此，站在大公司的角度来看，它们出于利益考量会阻碍或影响数据去中心化，甚至会更加支持数据集中式，以此来捍卫自身利益。

4. 发展不可控性

智能合约的应用有有利的一面，同时也有不利的一面。智能合约一旦运行就无法终止。若智能合约本身并不存在问题或没有可攻坚的缺点自然是好，但若智能合约本身存在一定的问题和不足，很有可能会被擅长使用信息技术的人发现并利用，这时将会使参与方陷入被动局面，甚至会影响多方利益，带来不可挽救的损失。

第二节　区块链技术与物联网的融合

物联网和区块链技术的融合备受业界期待，越来越多的专家学者们投入到其中开展针对性研究。一方面，互联网能够提供较为多样化的数据，但物联网在应用过程中可能会存在一定的安全隐患；另一方面，区块链技术的安全性相对较高，能够实现多方之间的沟通和合作，但缺乏实时数据。因此，两者优势互补，通过相互合作能够更好发挥作用和优势。

两者的融合具有非常广阔的发展空间和巨大的发展潜力，但两者融合目前还处在初步探索阶段。随着双方技术的不断发展和升级，相信不久将真正实现两者的深度融合，也终将发挥两者融合所带来的价值，进而有效推动行业产业发展，推动经济社会转型升级。

一、物联网简述

物联网（The Internet of Things，IoT），主要借助传感器等装置技术对物体的各类信息进行采集，借助网络进行传输，实现物体之间的信息传递，加强对物体的管理和控制。物联网倡导万物互联，能够在任何情况下实现物体的互联互通。物联网这一概念最早是由比尔·盖茨提出，经过不断地研究和发展，理论逐渐完善，技术应用逐渐广泛，目前已经成为发展态势较为强劲的新兴技术。

近年来，物联网产业发展迅速。物联网作为一种科学技术，正逐步地改变着我们的日常生活。著名咨询公司 Gartner 的一项研究显示，到 2020 年，全球物联网市场规模将增长到 4 570 亿美元。现阶段的物联网应用包含了车联网、智能家居、医疗健康、可穿戴设备和各类物联的消费市场，在多个行业都发挥着非常重要的作用，有效提升了服务效率和质量，提高了人们生活的幸福度和满意度。物联网在国防军事层面的应用目前还处在初步阶段，但不可否认，其在飞机、卫星等多个装备系统中都有非常重要的作用。应用该技术能够有效提高军事的整体实力，增强其智能化程度，对于军队的发展和作战战力有非常重要的影响。

物联网的关键技术有射频识别技术、微机电系统（MEMS）及 M2M（Machine to Machine）技术等。物联网的核心是万物之间的互联互通，主要包括三个基本特征。第一个特征为整体感知，指借助传感器等相关设备对物体信息进行获取和收集；第二个特征为可靠传输，指借助网络将前期获取或收集的信息进行传输，实现信息沟通和反馈；第三个特征为智能处理，指借助相关技术对数据进行分析和处理，加强对物体的控制和监测。

虽然物联网近年来的发展已经渐成规模，但其在长期发展过程中仍然存在许多需要攻克的难题。在安全性方面，物联网缺乏设备与设备之间的信任机制。设备都要与物联网中心数据进行核对，一旦数据库出现问题，就会对全网造成严重的破坏。在个人隐私方面，采取中心化的管理架构使得个人隐私数据泄露的情况时有发生。在扩展能力方面，未来物联网的设备将以几何数级增长，而中心化服务的成本将会变得巨大，这往往成为阻碍发展的关键问题。在管理方面，物联网应用范围十分广泛，在各个行业或产业中都有较多的应用，因此，交叉性是其不可规避、不容忽视的特点。若网络体系中没有专门的平台对信息进行分类，可能会出现信息冗余、重复等问题，在一定程度上会造成资源浪费。因此，必须建设统一的管理平台，加强对资源的整体协调和统筹安排，进而提高产业链模式的规范性、科学性与合理性。

二、物联网+区块链融合

物联网面向的物理世界呈现出数据庞大、具有海量终端的属性和特征，这为区块链提供了海量真实的数据，借助区块链技术能够充分挖掘数据背后的价值，凸显区块链技术对经济社会发展的重要影响。物联网通过感知设备来获取物理世界的感知数据，如常见的人体体征信息采集腕表、智能家居、烟雾感应器和光感应器等，但感知数据的安全性和隐私性问题成为物联网大规模发展的阻碍。物联网碎片应用较多，系统建设等相对而言较为孤立，各系统之间没有明确的标准或很难形成有效融合，这也使得物联网真正的价值没有得到充分重视和有效开发，因此需要进行改良。

区块链技术防篡改的属性和特征是其显著优势，也是与物联网融合最为重要的特点，能够有效规避物联网在应用过程中潜存的数据安全问题，有效提高物联网应用的可靠性。借助区块链技术的网间协作等内容，能够有效确保物联网技术有更广泛的应用空间，受到行业企业的认可，扩大其影响力。因此，两者之间的融合不仅能够有效规避物联网应用过程中存在的安全隐患问题，还能依托区块链中心化的特点降低物联网中心化架构的高额运维成本，并使追本溯源的特点发挥作用，依托链式结构，构建可证可溯的电子凭据存证，这些将对各个行业产生根本性变革。物联网和区块链的融合具有巨大的市场前景和发展潜力，物联网＋区块链的融合和创新体现在以下方面。

（一）提供应用场景和价值网

物联网能够实现物与人、物与物之间的相互沟通和联系。物联网的设备终端是丰富多样的，可以根据应用场景等实际情况进行灵活选择，对多个环境或行业数据进行采集，进而能够对多个环境或行业有更深刻的了解和认知，得到的数据能够反映出行业或环境的实际情况。将上述数据传递给区块链的上链，能够有效发挥区块链技术的作用和价值，帮助解决实际问题，更好推动实体经济的有效发展。目前区块链技术在金融和非金融领域都有较为深入的应用。例如，在一个供应链的应用场景中，从农场到超级市场的货架上获取食物的整个过程都是通过供应链进行。食品从农民被传递到供应商，再经过加工者和分销商到达零售商，这些参与者就是区块链中的不同节点。如果借助基于物联网的传感器，则可以监控每个步骤的食物的状态。如果在链中的任何位置添加了任何不需要的农药、杀虫剂或其他着色剂，就能够立即被识别出，并且区块链会采取适当的措施以确保食品不再继续转送。在传统系统中，这种流程需要花费近一周的时间，而通过区块链和物联网的技术合作，可以将其缩短到 3 秒内。

（二）区块链解决物联网中的信息安全和隐私问题

在全球范围内，安全性是物联网应用道路上的主要障碍之一，因为物联网技术虽然能够获取精准的数据信息，但是却容易造成数据信息的流失。为解决该问题，一方面，物联网可以使用区块链及利用区块链强大的加密标准。这将为物联网带来更强的安全性，使得黑客越来越难以穿过安全层，或者使黑客穿过安全层的过程耗时过久，很容易被抓住。同时，区块链的高数据加密能力与物联网融合后，智能设备将能够以一种无法泄漏或操纵敏感信息的方式记录交易过程。进入区块链的数据无法以任何方式被修改，这让任何人都不可能损害物联网设备的安全性。另一方面，基于成本和管理等因素，大量的物联网设备安全保护机制不足，如家庭摄像头、智能灯、监视器等。这些设备很容易被不法分子通过恶意软件控制，并对特定的网络服务进行拒绝服务（DDoS）攻击。为了解决此问题，需要监控并禁止受劫持设备连接通信网络，切断其访问请求。运营商可以升级物联网网关，将其和区块链连接起来，共同监控、标识和处理物联网设备的网络活动，保障网络安全。综上所述，区块链能从技术上解决物联网的数据安全和隐私问题，有利于物联网的大范围推广和应用。

（三）建立物联网跨行业应用的生态体系，实现与行业发展的结合

物联网的应用范围十分广泛，不是仅局限于单个企业或行业，因此，需要结合实际情况建立生态服务体系。物联网这一应用涉及多个主体、涉及多个技术，需要多个主体进行共享和交流。互联网具备的功能和提供的服务是多样性的，是随着时代发展而不断变化的。因此，通过智能合约能够搭建起不同主体沟通和合作的桥梁，确定好多方间的关系，并结合合约脚本提供更有针对性的服务和帮助。在物联网中使用区块链智能合约将会改变物联设备的格局和分布，也会从根本上改变业务谈判的方式，这也将促进跨组织业务流程之间更好地交换信息。从现在到未来，基于区块链的医疗健康物联网服

务涉及内容非常广泛，包括医废管理、药品追溯、居家养老等，这项服务必将在多个相关领域中大放异彩。

（四）商业模式创新

物联网数据共享和服务目前在推广过程中还存在一些问题，主要有两方面原因：一方面，主要受技术因素影响，使得数据共享和服务还难以得到成熟的落地推广；另一方面，则是因为没有与之相匹配的商业模式，这在一定程度上也会影响其推动和落实，特别是在部分较为重要或人们较为关注的行业中较明显，如食品安全等。物联网想要实现信息共享、促进共享经济的发展还需要摸索出与之相匹配的商业模式。物联网是较为复杂的生态体系，涉及的领域技术主体较为多样，且各主体之间的关系较为复杂，想要实现数据共享就必须确保各主体能够搭建起良好的合作和交流机制。借助区块链技术有效构建物联网服务平台（见图 3-2-1），可以充分利用其去中心化的属性和特征，使各设备系统能够实现相互之间的沟通和合作，进而有效控制成本，更好满足行业和企业发展的需求，推动经济的腾飞。

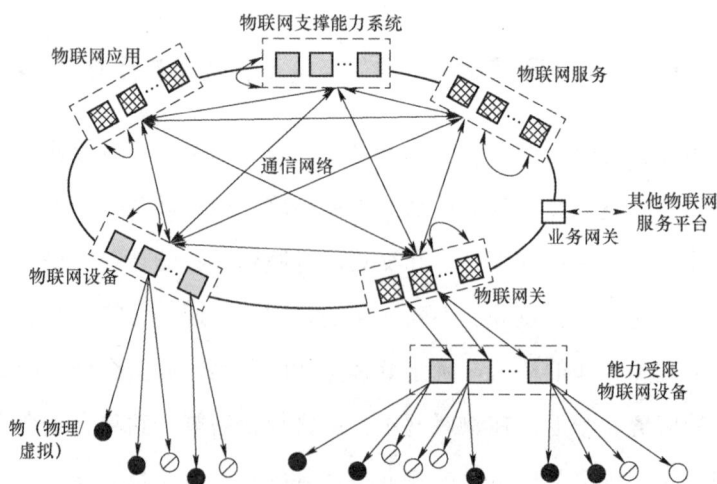

图 3-2-1　基于区块链的物联网服务平台

目前主要使用 P2P 技术和区块链技术来搭建的物联网服务平台已成为一种重要的商业模式。利用区块链的共识机制和激励制度，能够使作出贡献的主体获取相应额度的报酬，这种机制将鼓励和带动更多的主体参与物联网的应用，实现实体流、信息流与资金流的三流合一，高效解决跨行业、深层次的社会问题。比如在无人机和机器人的安全通信和群体智能方面，每个无人机都将内置硬件密钥，这种私钥衍生的身份 ID 增强了身份鉴权能力，基于数字签名的通信能确保交互安全，阻止伪造信息的扩散和非法设备的接入。同时，基于区块链的共识机制，未来区块链与人工智能的结合点——群体智能，前景广阔，麻省理工实验室日前已在这个交叉领域展开了深入研究。

综上所述，物联网和区块链的结合主要体现在四个方面：一是物联网为区块链提供更多现实数据和应用场景，能充分发挥区块链的经济社会价值；二是区块链拥有追本溯源和隐私保护的特点，能帮助物联网解决信息安全和设备安全等问题；三是以区块链的智能合约技术为支撑，建立物联网跨行业应用的生态体系，能改变物联网现有的谈判方式和设备分布格局，实现行业间更好的信息交互；四是区块链的共识机制、激励机制及去中心化特点，将有助于创新物联网行业的商业模式，构建分布式物联网服务平台和多主体参与的物联网应用。

三、物联网＋区块链应用

区块链在物联网方面的应用最早可以追溯至 2015 年，主要包含智慧城市、工业互联网、供应链管理等。物联网＋区块链在前端方面具有广泛的应用能力（见图 3-2-2）。

在产业方面，应用物联网和区块链能够有效提升智慧城市发展水平；在公众层面，应用该技术方式能够有效推动电子代付等的有效发展和深度应用；在企业运行方面，借助于此可以更好推动数据交易的有效开展，提高服务水平；在通信层面，借助于此可以更好实现边缘计算等。目前在供应链管理等层面，区块链的应用已经较为成熟，在其他领域虽然也开始尝试应用，但目前还处在初步阶段。以下将从智慧城市等几方面进行分析讨论。

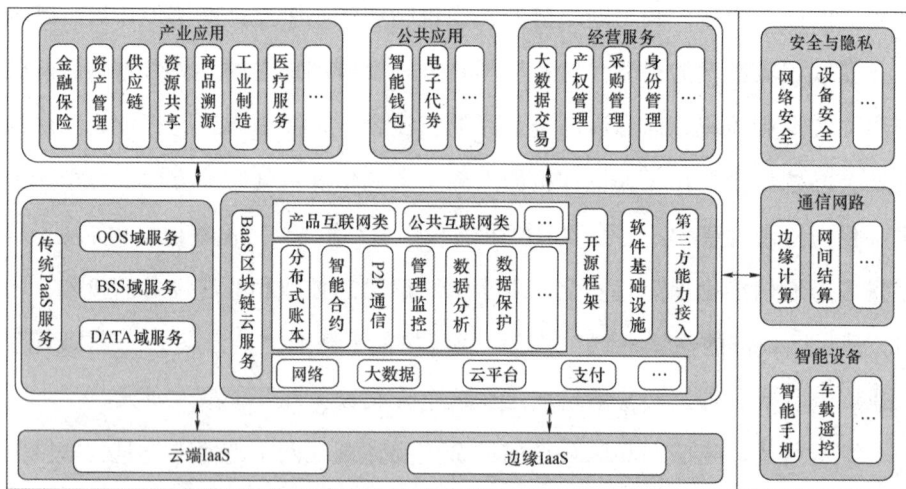

图 3-2-2　区块链在物联网应用全景图

（一）智慧城市

智慧城市是指在城市发展过程中，应用信息技术有效提高城市发展水平的信息化高级形态。构建智慧城市能够有效减少城市发展过程中存在的问题，提高城市治理水平，给市民营造良好的生存环境和氛围，提高市民生活质量、生活幸福度和满意度。目前在智慧城市建设过程中已经广泛应用物联网技术，如智能水表、街道照明等，通过物联网技术有效收集相关数据，加强对物体的统一管理。物联网的未来应用范围将更加广泛，收集的数据将更加多样和全面，但数据在储存和运输过程中可能会存在安全风险。区块链技术的引入能够有效规避这些问题，提高对数据的保护能力，解决物联网技术应用过程中的后顾之忧。借助区块链技术能够营造安全可靠的环境实现数据的传输和沟通，政府相关部门可以结合实际情况对访问者的权限进行设置，通过技术检索、数据调用，避免出现数据泄露。若不慎存在数据泄露问题也可及时进行定位，追究相关责任，进而有效保障数据安全性。我国的首批智慧城市试点共 90 个，其中地级市 37 个，区（县）50 个，镇 3 个。经过 10 余年的探索，我国的智慧城市建设已进入新阶段，更高效、更灵敏、更可持续发展的城市正在应运而生。2017 年年底，我国超过 500 个城市均已明确提出或正在建设智慧城市。2022 年 12 月发布的《"十四五"城镇化与城市发展科技创新专项规划》提出，到 2025 年，城镇化与城市发展领域的科技创新体系更趋完善，基础理论水平与创新能力显著提高，为新型城镇化提供更高质量的技术解决方案，有力支撑城镇低碳可持续发展，推动城市建设与文化旅游等相关产业发展壮大，科技成果更多、更好地惠及民生，强调了科技创新对新型城镇化建设的重要性，也为"十四五"期间的城市建设提供了发展方向。在 2022 年 3 月国家发改委发布的《2022 年新型城镇化和城乡融合发展重点任务》中，明确提出要加快推进新型智慧城市建设。坚持人民城市人民建、人民城市为人民，建设宜居、韧性、创新、智慧、绿色、人文城市。随着近年来国家政策的大力支持，全国各个地方把智慧城市建设作为发展的重点，促使未来智慧城市的建设不断发展。《中国智慧城市发展水平评估报告》显示，我国主要的领先的智慧城市有北京、上海、深圳、广州等地，追赶者有成都、重庆、青岛、杭州等城市。

在国外，迪拜正在尝试和探索应用区块链技术搭建政府工作和服务平台，所有政策文件或政务工作都通过区块链来操作和完成，进而有效保障数据安全；维也纳也尝试在火车时刻表、公交线路等方面应用区块链技术进而有效提高数据的安全性，确保数据应用更加方便。在我国，南京成功上线基于区块链技术的电子证照共享平台，提升了数据防篡改能力，助力行政事项全程网办；深圳作为我国区块链电子发票首个试点城市，借助区块链全流程完整追溯、信息不可篡改等特性提升税务部门、企业运营管理效率，大幅简化发票报销流程；江苏常州设立医联体区块链试点，以期用低成本、高安全的方式解决医疗数据安全保护问题以及医疗机构间的数据共享问题；雄安新区已上线区块链租房平台，尝试解决房屋租赁场景中的租户数据隐私保护及"真人、真房、真住"等相关问题。此外，区块链技术在智慧电网等层面也有较多应用。

总而言之，区块链技术在智慧城市建设过程中的应用主要包含四大类：第一类是数据安全和隐私保护，借助区块链技术的不可篡改性有效保障数据安全；第二类是数据追溯，借助区块链技术中的链式数据存储结构能够有效加强对数据的跟踪和追溯；第三类是数字存证与认证，主要是借助其不可篡改性对身份证件等相关信息进行存储；第四类是数据低成本、可靠交易，主要借助智能合约对数据进行管控，有效保障交易的安全性。

（二）工业互联网

工业互联网（Industrial Internet）是一种开放、全球化的网络，将人、数据和机器连接起来，属于泛互联网的目录分类，是工业系统和互联网相互融合的存在。只有搭建起科学合理的工业互联网，才能更好推动智能制造网络基础设施的有效发展。在传统模式下，设备间的信息互通需要借助中心化的网络和通信代理来实现，这种模式无疑会增加运行和维护的费用，增加较多支出；同时，采取这一模式还会影响整体的稳定性，影响工作正常开展和交易往来。区块链技术能够实现去中心化，推动不同设备之间的相互沟通和信息交流，相较于传统模式，能够有效降低维护成本，减少无谓损耗，物联网各个节点都能具备计算能力和存储作用，能够有效分担所有风险，避免因一处存在问题影响整体的运行和发展。区块链技术的不可篡改特点还能有效确保数据安全性，任何节点受到攻击都不会轻易导致数据丢失或泄漏，进而有效控制风险。借助该技术还能有效把控各方动态，掌握相关设备的实际情况，及时进行检修和维护，延长设备使用寿命，提高服务质量和效率。

2019 年，工信部出台了相关文件，提出了工业互联网建设的目标，要求着重完善基础设施，树立标杆网络，推动其应用和发展，建立行业产业发展秩序，加强研发和投入，加快推出新产品、新技术。工业互联网一度成为人们争相热议的重要话题，该词也被写入了《2019 年国务院政府工作报告》。

当前，我国标识解析体系已经搭建了基本的框架，也通过实践检验了应用该体系的科学性与合理性，推动了生产、服务等多个环节的高效发展，通过标识解析体系有效把控产品质量，实现数据共享，加强数据收集和监控，使全过程处于可控中。

为了进一步加强政策帮助和指导，提升行业产业的共识，发挥体系作用，推动其应用范围和融合深度，提供人才、技术等的支撑，加快强国建设进度，工业和信息化部等十二部门联合印发《工业互联网标识解析体系"贯通"行动计划（2024—2026年）》。

区块链对工业互联网的助力具体表现有以下四个方面。

（1）工业领域涉及的物体、设备等数量较多，每个设备"携带"的信息较多，加强对其的监控和验证是十分必要的。借助区块链技术能够加强对设备身份的验证，加强对设备的监控管理，设定设备的访问权限。

（2）工业生产更加凸显网络化的特点。经济全球化席卷而来，使得企业之间的合作越来越密切，同一个产品可能不再由一个企业生产，或不再由一条流水线生产。而是由多个企业共同分工合作，每个企业只负责其中一个小单元，通过拼接最终形成完整的产品。这种生产方式使得产品本身的价值和质量得到有效提升，主要是由于每个单元都由更专业的企业负责，整体产品质量得到了充分保障。引入区块链技术，能够借助其分布式系统加强对供应链体系的监管和推动，使其更加高效。

（3）个性化需求越来越受到人们欢迎，生产也逐渐体现出这一属性和特点，更加凸显服务属性和特征，更满足人们的需要，贴合人们的消费心理。这也意味着制造业会不断转型升级，不再局限于单个产品，而是更加侧重于融资租赁等相关服务，进而实现新的发展。

（4）生产逐渐朝着新的发展方向迈进，更加突出网络化的特点，更加强调协同合作，这也意味着监管需更加柔性化。借助区块链技术能够搭建统一的协作平台，给参与者们提供相对安全的环境，在避免隐私泄露的同时实现部分数据的共享，发挥数据的作用和价值。

近年来，工业互联网产业联盟围绕工业互联网网络、平台和安全三大体系，评选出7个工业互联网优秀应用案例。其中，海尔衣联网探索基于区块链技术的服装行业增值服务，入选工业互联网区块链领域优秀案例。海尔衣联网联合海链区块链打造了生态宝 App，用户不仅可在 App 上购买洗涤剂、智能水杯等衣联网平台资源方提供的生态产品，还能根据资源方和用户的区块链数字身份及信息数据，确保购买全流程真实可信。例如，当用户使用 App购买高端衬衣护理液时，平台便会将洗衣液的设计、研发、生产、销售等全生命周期数据集中到区块链上，形成产品完整的溯源链路，并做到不可篡改数据，确保用户购买到的产品真实可靠。对平台上的资源方而言，海尔衣联网通过智能合约，在确保用户数据安全的前提下，实现了衣联网资源方围绕用户体验进行增值分享。通过消除企业之间的边界，企业之间不再是普通的合作关系或者供给关系。企业成为区块链上的一个个节点，给用户提供性价比最高的产品，为用户打造智慧生活场景，并根据各自贡献大小获得企业价值。甚至，用户也可以参与进来，和生态圈企业一起获得收益。海尔衣联网在"人单合一"模式指导下，不断布局和建设生态供应链体系，目前已经吸引 5 000 多家生态资源企业加入。通过与用户持续交互，促进产品和服务的持续迭代和生态资源共享，为区块链技术的发展应用提供了新范式。

（三）物联网支付

目前移动支付已经占据了支付市场的半壁江山，但已有的互联网第三方支付平台越来越受到存在安全漏洞、覆盖人群狭隘等客观条件的制约。物联网的飞速发展有效推动了各行各业的转型升级，其中支付方式及平台受其影响逐渐推出新的支付模式，进入物联网支付时代。但物联网支付会受到较多因素阻碍，如目前所构建的商业运作模式不符合物联网支付的发展需要，传统系统架构无力支撑海量的数据等，在一定程度上会影响互联网支付的发展进度；同时，不同领域或行业的数据结构存在较大区别，数据的互通存在较多困难，且数据很容易被修饰、篡改，影响数据的真实性，数据存在泄露的风险和隐患，这也会在一定程度上影响物联网支付的有效推进。想要实现物联网支付的高效发展就必须要解决上述问题，这也意味着技术必须是分布式的，只有这样才能更好满足对海量数据的处理需求，也才能有效保障数据的安全性。区块链技术具备分布式的属性和特征，能够有效应对互联网支付发展过程中存在的问题，且区块链技术具备较强的不可篡改性，能够有效保障数据的安全性，提高支付手段的可靠性和认可度。

当前区块链技术在物联网支付中存在的主要应用是提供人对机器或机器对机器的支付方式，并围绕此构建更加科学合理的微支付体系，进而有效确保接入更多物联网设备，推动物联网之间的数据沟通和贸易往来。将各种不同的自动化设备集成到智能系统中，可以实现更高的效率。例如，可靠的自动驾驶货车正在崛起，但为了充分发挥其潜力，需要建设自动加油站、公路沿线的自动工具亭、自动货运处理和仓储系统等。因此，虽然物联网在很大程度上解决了不同设备之间如何进行通信和协调的问题，但它们能够相互支付的必要性却经常被忽视。比如，为了实现系统的真正有效，自动驾驶货车需要支付汽油费和通行费以及接收货物运输的费用。让人类来监控自动驾驶货车的速度，并用信用卡支付汽油费和通行费，这会显得十分笨拙。

将区块链技术用于物联网支付有两大优势：第一，加密货币比传统的支付方式更具可编程性，因为密码本身是基于代码的；第二，利用加密货币进行小额交易是可以的。使用信用卡支付的最低费用约为 5 美元，而使用比特币闪电网络支付的最低费用则为百万分之一美分，甚至可以更少，这使得加密货币可以通过支持各种新的商业模式来推动物联网的发展。如区块链可以使用户在每次做某事时，由一台机器向另一台机器收取 1 分钱的费用，而不是出售一台机器。实现这一目的的方法是分布式分类账——通过区块链支付机制。对于许多行业来说，通过机器进行"机器对机器支付"的好处是非同寻常的，适用于工业产品、石油和天然气、医疗保健和零售等。

（四）物流与物流金融

2023 年，全年物流业总收入为 13.2 万亿元，同比增长 3.9%，物流收入规模总体延续扩张态势。我国物流行业在不断优化产业结构，提升自身效率。

对标物流总收入 13.2 万亿的市场价值，效率提升后对应的市场价值将以数千亿计算。物流行业的正常运转涉及较多主体，如信息流、资金流等。在传统发展模式下，物流行业运行过程中存在较多问题，信息沟通不顺畅，每个主体所掌握的信息都是独有的、非共享的；双方或多方的合作不够公开透明；双方在沟通和推进贸易往来过程中需要耗费较大的时间和金钱，在这种情况下会严重影响贸易的进展效率，也会影响双方的友好合作；同时，若在合作过程中存在问题很难具体追究和分析责任。当前物流金融方面的问题主要体现在四方面：一是融资难，应收账款没有办法直接流通，在一定程度上会加剧问题呈现；二是融资成本高，在一定程度上会使杠杆率不断增大；三是信用度不够可靠，涉及的每个过程都无法完全确保其真实性；四是第三方很难立足，这一行业往往被银行和核心企业掌控，第三方想要介入开展相关业务十分困难。这些问题都是传统物流金融存在的"信任"问题。

区块链的数字签名和加解密机制，可以充分保证物流信息安全以及寄、收件人的隐私。区块链的智能合约与金融服务相融合，可简化物流程序、提升物流效率。具体表现为：一是使应收账款可流通、可拆分，使其在链中以数字资产的方式呈现，进而有效解决相关问题；二是融资成本有效降低，一旦使应收账款转变为数字资产，则能轻易解决企业间的支付问题；三是中小供应商通过该模式能够获得核心企业的应收账款，在一定程度上相当于以核心企业的信誉和实力为自己背书，若需要向外支付时，凭借这一点也能更容易获得银行融资；四是更好满足降低杠杆的基本要求，同时避免占用过多银行风险资本；五是借助这一模式能够有效提升第三方运营能力。

北京随行付信息技术有限公司创建的"随行付"平台是我国领先的第三方支付平台，它是全国的区块链金融创新领军者，在国内率先将区块链技术应用于物流合同金融的服务平台。随行付将区块链技术应用于物流合同领域，使用新兴技术如分布式数据存储、加密算法和共识机制，解决传统物流核心公司与银行之间的信息不对称、融资和供应商信任等问题。区块链能实时可靠地记录和转移资金流、物流和信息流，实现信用有效传递，有效解决中小物流企业信贷收集和融资难的问题。同时，随行付平台利用区块链技术，依靠强大的密码学原理构建了一套可信的信任验证工具，可以建立一套企业识别系统，让企业、产品、应用和服务进行交互，这有助于降低物流合同各方的制度性交易成本。目前已有不少小微企业加入随行付区块链物流合同服务平台，包括车联天下物流平台、中顺洁柔等合作企业。

（五）农业

农业资源分散是我国农业发展过程中存在的典型现状，这也使得农业与其他领域或行业的交集相对较少。农业生产和种植过程中存在的化学污染也使得农业拥有的信用值相对较低，消费者对于自己没有亲身关注或了解的农业生产行为存在一定的质疑。农业与物联网进行结合，在一定程度上能够对农业发展过程中存在的问题进行规避，但由于缺乏科学合理的商业模式，使得物联网介入后所发挥的作用和价值有限，并没有从根本上解决这些问题。究其根源，信用保障机制相对缺乏，很难得到人们的信任和认可，这时就需要引入区块链技术。通过发挥区块链技术和物联网技术的双重作用，能够有效解决这一问题。一方面，借助物联网能够有效提高农业生产过程中的整体效率，赋予农业产品更多价值；另一方面，依托于区块链技术，能够有效整合数字资源，构建科学可靠的信用监管体系，进而增强人们的认可和信赖。

目前区块链技术与物联网技术紧密结合在农业方面所发挥的作用和应用如下。

1. 农产品溯源

农业生产过程并非在消费者的关注之下，消费者对于农业生产过程中各个环节的了解也不够清晰，不知道种植过程如何应用农药化肥，也不知道农产品质量是否得到保证。因此，消费者对农产品的信赖度相对较低。借助区块链技术则能有效解决这一问题，实现对农产品从生产到流通销售整个过程的追溯，记录各个环节的信息，确保农业生产整个过程更加公开透明，进而加强对农业生产的监督，提高农产品的安全性，增加消费者的信赖度。同时，借助区块链技术还能有效保障产品的真实性，避免发生出现假冒伪劣产品等影响市场运行的乱象，保障价格的科学合理。

2. 农业信贷

农业经营主体在生产和运行过程中可能需要申请贷款，在申请环节需要提供信用资质，只有信用资质审核通过才能获取贷款，用于推动农业活动的正常开展。但目前普遍存在审批困难的问题，借助物联网和区块链技术则能有效解决这一难题。物联网设备能够对相关数据进行捕捉、存储，并将相关数据传输至区块链中，区块链本身所具有的共识机制和智能合约能够对数据信息进行记录，避免数据被篡改，提高数据的真实性。通过调取区块链中的相关数据能够有效减少信贷机构可能面临的风险，也能作为充分有效的参考帮助农业经营主体获得商业贷款，提高贷款通过率。

3. 农业保险

物联网数据能够有效推动农业贷款、农业理赔等相关工作的开展，尤其是结合区块链技术之后，能够有效增强数据的真实性与可靠性，进而有效推动农业保险的落实和发展，简化理赔流程，提高理赔效率。

2016 年，众安保险首次在农业保险中引入了区块链技术，这是农业保险的一大全新尝试，也充分证明了区块链技术的作用和价值。2017 年，京东、清华大学实验室等共同开展合作，成立统一联盟，在食品领域引入区块链技术，借助区块链技术有效保障食品的安全性与可靠性。同时，农业领域也开始引入和应用区块链技术。2017 年，部分银行开始探索在金融服务方面引入区块链技术，提高金融服务效率和质量。2020 年我国出台《数字农业农村发展规划（2019—2025 年）》，该规划明确表示要加大区块链技术在农业领域的应用，加强对关键技术的研发，充分发挥农业技术在保障质量、环境监测等方面存在的作用和价值。同时，各公司不断开展合作，着重推进区块链技术在食品、粮食等方面的应用。虽然这些尝试和探索目前还处于初步发展阶段，但区块链技术的发展潜力十分可观，还需要针对性提供相应政策扶持和帮助，使其真正走向成熟。

四、物联网+区块链落地与发展前景

（一）目前发展现状

从全球范围来看，物联网技术呈现蒸蒸日上、朝气蓬勃的发展状态，虽然技术标准等相关内容还处在初始发展阶段，但核心技术在不断优化和发展，且全球范围内也逐渐意识到物联网技术发展的重要性，不断优化和匹配与之相关的标准体系，构建基于此的产业体系。因此，物联网企业将获得较为广阔的发展空间，未来十年将是物联网发展速度最快的阶段。各国也非常重视，针对于此制定了相关政策，试图把握住时机，实现本国物联网产业的飞速发展。

我国物联网的发展也如火如荼，相较于此前取得了较大进步。各组织、团体共同合作，建立了较为完整的产业链，推动了物联网技术的发展。同时，市场范围内也出现了一些具有代表力和影响力的物联网公司，在人才培养、技术研发等方面投入了大量资源，有效推动了物联网企业的发展。在行业应用层面，物联网与其他行业的融合越来越深入，特别是在交通、医疗、保健等方面。物联网与其他行业的深度融合既能有效提高人们生活的幸福度和便捷度，也能有效推动行业产业的转型升级，推动经济社会的飞速发展。比如，三一重工有效引入物联网，有效推动生产，提高生产效率，降低成本损耗。

在学术研究层面，《中国区块链与物联网融合创新应用蓝皮书》分析了两者融合的特点和未来发展趋势及可能的应用范围。在标准化方面，2018年我国国家物联网基础标准工作组发布了《物联网标准化白皮书（2018版）》。在安全方面，2019年我国信安标委发布了《物联网安全标准化白皮书》。在区块链标准化方面，许多国内外标准组织如 ISO、ITU-T、IETF、IEEE 等均组织开展标准化相关工作。中国联通联合其他公司共同在 ITU-TSG20 上建立了标准项目，主要是对可信物联网服务平台框架进行有效定义。ISO/TC 307 主要负责制定相关标准项目，目前涉及的标准项目数量非常可观。IETF 主要对互联互通标准进行分析和讨论。IEEE 建立了区块链应用在物联网下的框架标准。

国内外多个组织和机构也都非常重视区块链技术和物联网技术的深度融合。国内的一些著名企业如华为、京东等都分别制定了与之相关的白皮书，所有白皮书都认为区块链在物联网领域有更广阔的应用空间和潜力，根据企业的发展制订了相关策略，充分彰显了企业对两者融合的重视。2014 年，德国推出了 IOTA 的数字虚拟货币，这是区块链技术在物联网领域深度应用的重要体现，借助相关技术能够实现物联网之间的资源共享，提高交易往来效率。2018年，我国与加拿大开展联合合作，相关领域的专家共同发起合作项目成立研究院，推动区块链技术与物联网行业的深度融合。2024 年，电气与电子工程师协会（IEEE-SA）批准并正式发布了由四川长虹（4.930%、−0.02%、−0.40%）集团牵头制订的《基于区块链的物联网零信任框架标准》国际标准，该标准是首个基于区块链技术在物联网安全应用方面的国际标准，填补了 IEEE-SA 在区块链与物联网安全方面的国际标准空白。

（二）未来发展趋势

区块链在物联网领域的应用逐渐深入，其中智能制造、供应链管理等方面已经开展深度合作，也取得了一定的成果，而在农业能源管理等方面目前还处在初步研究阶段。在物联网领域内，应用区块链技术能够有效构建科学合理的物联网生态，借助区块链技术的智能合约等机制，能够有效保障互联网主体之间的贸易往来安全性，确保数据不被泄漏，构建更值得肯定的信用体系，有效拓宽产业增量空间，提供更具有针对性和价值的增值服务。区块链未来势必也会影响环保、医疗等多个领域，推动多个领域的发展。

应用区块链技术开展各类探索性试验，构建相关产业生态将是我国物联网发展的核心方法之一。可以从多个层面提升"物联网＋区块链"应用与发展能力：（1）加大对"物联网＋区块链"技术的基础理论研究，加强国际与行业标准制定，培养区块链技术人才；强化"物联网＋区块链"基础、监管、共识等理论研究，探索符合中国国情的区块链技术与物联网应用模式，加强"物联网＋区块链"相关国际与行业标准制定，奠定区块链应用快速落地基础。（2）加强"物联网＋区块链"技术的应用研发，完善"物联网＋区块链"支撑技术体系，在特定应用领域中展开试点。（3）强化数据管理机制，建立健全针对物联网应用的区块链风险评估体系，完善区块链相关监管框架，推动科学、透明的监管体系的建立，逐步形成制定相关法律法规的量化依据。（4）推动"物联网＋区块链"监管技术的发展，包括对区块链节点进行追踪和可视化、主动发现与探测公有链、建立以链治链的体系结构等技术，从技术上为监管部门提供可监管的解决方案。（5）加快"物联网＋区块链"技术应用试验，率先在示范区进行试点应用，为典型应用提供专项资金支持，择优孵化相关应用项目，促进"物联网＋区块链"技术商用落地。（6）构建"物联网＋区块链"产业生态，加快区块链和物联网、人工智能、大数据、云计算等前沿信息技术的深度融合，推动集成创新和融合应用，加快"物联网＋区块链"产业生态建设。

从短期来看，物联网与区块链的融合更多在于有效提高效率和质量、加强跟踪和监测，从而更好满足安全保护需求。但从长期来看，随着两者的融合程度不断加深、技术发展不断成熟，未来企业将借助于此挖掘新的商机，增加经济收入。这也意味着未来的业务格局可能会被打破，呈现出完全不同的发展局面。

（三）面临的挑战

物联网和区块链融合所带来的成果和创新将会极大地影响社会发展和革新，但就目前而言，二者的互补发展仍面临不少的困难和挑战。

在区块链技术与应用领域，法律法规和监管措施的引导和管理不足。在当前阶段，区块链技术是新技术，而且具有"去中心化"的特性，各国在这个领域的法律法规和监管措施都还不健全，给区块链技术在物联网应用场景的落地带来一定阻力。当前还缺乏统一的国际和行业标准，技术仍需要进一步完善，成熟案例较少，还需进一步加大研究和实践力度。

对区块链与物联网行业具体应用场景及业务融合的改造存在一定的困难。目前区块链还未能很好地支撑高性能交易和规模化运营，智能合约机制还不够完善，区块链程序和数据的变更缺乏灵活性，区块链上的数据后期迁移维护困难，这些都给业务开展及后期维护带来困扰。

第三节　区块链技术与云计算的融合

区块链技术是去中心化的数据库维护技术，而云计算则是一种按使用量付费的网络服务。从定义上看，两者似乎并没有关联性，但实际上，两者存在可融合的平衡点。主要是因为区块链是一种资源存在，而资源存在是云计算的重要组成部分。

目前区块链在技术、开发资金成本等方面存在许多问题，如果与云计算融合在一起，一方面，企业可以利用云计算已有的基础设施，通过较低的成本，快速便捷地在各个领域进行区块链开发和部署；另一方面，云计算可以利用区块链的去中心化、数据不能篡改的特性，解决制约云计算发展的"可信、可靠、可控制"三大问题。

一、云计算简述

云计算主要是指借助于网络云对海量数据的处理程序进行分解，分解成不同的小程序，每个小程序负责处理某一类的数据，所有程序都由云服务系统进行管控和分析，用户通过接口获得结果，从而能将本地计算机耗时太多甚至没法完成的任务交由云计算完成。云计算最早主要是用于对数量较大或任务较重的数据进行计算，当接收到计算任务后，根据实际情况对任务进行分配，并将不同单位处理的数据结果进行汇总，进而在较短的时间内完成难度较大的计算任务。

一般来说，"云"中的资源是可以不断扩充的，用户可以随时按照自身的需要来获取和使用这些资源，也可以随时扩充资源内容，然后按照资源的使用情况付费。由于云计算的这种特性类似于日常生活中的水电资源服务，因此它也被称作 T 基础设施。如果将云计算的概念扩大到服务领域，那么所有通过网络来满足用户需求并且易扩展的服务都可以被称作云计算，如既可以是与互联网相关的硬件、软件，也可以是存储、下载等其他服务。目前云服务已经不再仅仅局限于计算这一功效，而是集负载均衡、网络存储等为一体的有效技术。

云计算有三种服务类型：

（1）基础设施即服务（Infrastructure as a Service，IaaS）。硬件设备等基础资源被封装后，可以作为基础性计算、存储等资源。如阿里云、AWS、腾讯云、Azure 等。IaaS 最大的特点是用户可以根据需求动态申请或释放资源，提高了资源使用率。

（2）平台即服务（Platform as a Service，PaaS）。硬件设备等资源进一步被封装，即对用户来说，底层的技术类似于黑箱，简单来说，就是 PaaS 提供了一个开发或应用平台。如 Google App Engine、数据库、应用平台（如运行 Python、Perl 代码）和文件协作（如 Process On）。PaaS 负责资源的动态扩展和容错管理，无须管理底层的服务器、网络和其他基础设施，无须将更多精力放在底层的技术细节上。

（3）软件即服务（Sofware as a Service，SaaS）。将某些特定应用软件功能封装起来，为用户提供服务。用户只需要通过 Web 浏览器、移动应用或轻量级客户端应用就可以访问它。如国外的 Netflix、MOG、Google Apps、Box.net、Dropbox、苹果的 iCloud 及国内的百度网盘等。

根据客户规模与权限，云计算可分为四种部署模型：

（1）公有云。公有云是指将云底层基础设施作为服务提供给一般公众或某些大型行业团体，并将云计算作为一种服务提供给客户，其本质就是一种共享资源服务。例如，阿里云提供云主机，面向所有用户提供云计算服务器、云存储服务器等其他基础设施服务。

（2）私有云。私有云是指专为某个客户搭建云底层基础设施，对数据进行安全性保障和有效控制，且由该客户或第三方进行维护。例如，某企业自己搭建一个数据中心，企业内部的业务系统部署在这个数据中心中，以云的方式提供内部的 IT 服务——这就是私有云。

（3）社区云。云端基础设施由多个组织共享，这些组织关心一些共同事务，如安全需求、运行任务、策略法规等。组织的管理者可能是组织自身，也可能是第三方机构；管理位置可能在组织内部，也可能在组织外部。

（4）混合云。云底层设施由两个以上云部署模型组成，通过标准的或特定的技术连接，这些技术提高了数据和应用的可移植性，维护了云间的负载平衡。例如，12306 火车票购票平台在一般情况下利用自建的数据中心提供购票查询等服务，但在用户量巨大时，会把部分查询服务交给阿里云来提供，这就是混合云的架构。

基于云基础设施，以云基础软件、云应用服务、云平台服务为业务的全球话题服务型网络将是云计算在未来很长一段时间的发展方向，如图 3-3-1 所示。云基础设施平台将成为信息的集聚地，具有非常显著的优势，如规模大，分析能力较为优秀等；云基础软件与平台服务层提供基础性、通用性服务，如云操作系统、云数据管理、云搜索、云开发平台等；而外层云应用服务则是与人们的生活息息相关的各类应用，如电子邮件、地图、电子商务、云文档存储等。三个层次的服务之间独立但又相互依存，越接近核心越有更高的地位，所占的权重也就相应更大。因此，在未来很长一段时间的发展中，谁能把握技术核心，谁能提供更高质、更核心的服务，谁就能够在激烈的市场竞争中占据优势，也将为自己赢得更广阔的发展空间和更多的发展机会。

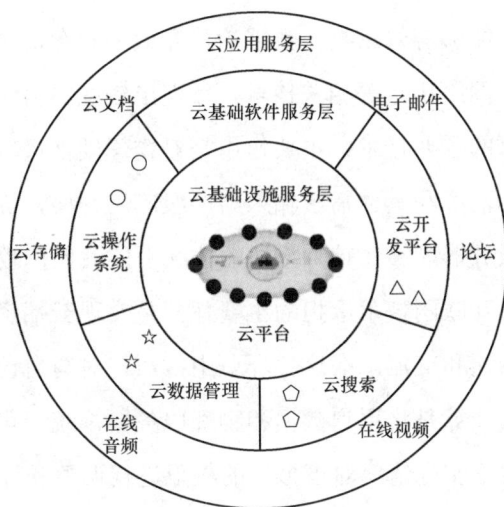

图 3-3-1 未来云计算服务分布层次图

　　云计算主要技术包括资源管理、互联网等，这些技术是发挥云计算作用和价值的重要基础和有效保障。云计算能够借助这些技术实现数据存储、计算等，进而根据实际情况对资源进行合理配置，给用户提供更有针对性和有效性的服务。服务提供主要涉及三方面的技术，分别为资源管理、互联网技术和分布式计算，如图 3-3-2 所示。

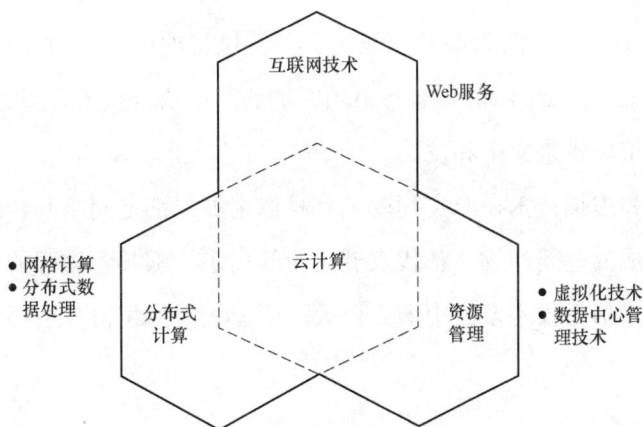

图 3-3-2 云计算相关技术示意图

　　资源管理技术主要包含两方面，分别为数据中心管理技术和虚拟化技术，其中前者是最为基础，也是最为核心的技术，是发挥云计算作用和价值最为重要的技术形式，能够有效影响云数据的计算效果和存储水平。数据中心主要包括数据存储、网络拓扑等相关技术，体现出较强的自制性、可拓展性。后者也属于云计算的重要技术，主要作用是对物理硬件进行抽象化，进而将虚拟资源按照实际情况和具体需求输入给高级应用程序，提供更有效的虚拟服务，确保物理服务器能够在较为繁忙的情况下依旧保持较高的效率。

在云计算中，互联网技术承担的主要任务是实现云端资源和用户之间信息或资源的相互沟通和交流。在这一环节中，用户对与自己相关的数据有完全的掌控能力。云计算是将用户数据和物理服务器，统一集中在服务提供商处，用户只需要根据实际情况对虚拟机的权限进行调整和控制。

二、云计算+区块链融合

目前，区块链已从数字货币应用领域扩展到经济社会的其他领域，并与其他技术相融合。这将会对各行各业产生深远的影响，甚至产生革命性的改变。然而，区块链技术的开发研究与实际应用涉及多系统、时间和资金等方面，这些都是限制区块链技术应用发展的重要因素。但是，如果利用云计算平台搭建测试环境，上述问题将迎刃而解。而且，云计算与区块链融合发展，进一步催生出一个新的云服务市场——"区块链即服务"（Blockchain as a Service，BaaS）。这个新的云服务市场既加速了区块链技术在多领域的应用，又给云服务市场带来变革和发展。

云计算和虚拟技术在一定程度上有相似之处，都是网络和传统计算机相互结合所形成的全新产物，都代表着全新的技术，都具备较强的可靠性、稳定性，在未来信息技术发展中潜力巨大。两者之间的相似性主要体现在以下两方面。

（一）网络架构

两者的网络架构存在一定的相似性。在公有情况下，两类技术都更加强调资源共享性，都更加突出公开性；在私有情况下，两类技术都会对资源进行限制，只针对特定人群进行开放；在混合情况下，两类技术都能够做到信息共享或权限管理的有效平衡。

（二）数据结构及运算力

区块链基于分布式网络这一结构，更加强调去中心化，这也意味着其在运行发展过程中不受某一特定结构的管理和约束。应用该技术能够对数据文件进行有效处理，使其呈现出碎片化的属性和特征，用户可以结合自身拥有的密钥实现加密。该技术强调和突出的"工作证明"概念，在一定程度上使得数据的上链运算力得到有效提高，从而增加了上链的难度、产生了分支。云计算则运用虚拟化技术，实现了对存储、计算的统一分配和管理调度，使得计算机可以自动执行协议。

区块链与云计算的结合，能够有效提高应用流程的开发效率，加快开发节奏，进而更好满足不同主体对技术的需求。将两者巧妙结合搭建的云计算服务平台（BaaS）具备非常显著的优势和特征，体现出较高的效率，凸显其安全性，还能有效对成本进行控制。借助云计算具备的较强的组织部署能力，能够有效推动传统行业的发展，提高其计算机建设水平，减少时间和资金损耗；借助云计算防篡改的相关硬件安全模块，能够对业务进行有效保密，避免数据泄露，营造更好的贸易交易和往来环境。

三、云计算+区块链应用

对数据区块进行验证后再上链是区块链技术的核心，区块链采用去中心化方式，利用共识规则（如 PoW 等）及 SHA256 生成的公私钥来保证数据的不可篡改性。区块链的应用范围包括金融、科技、经济、政治和社会等各个领域。目前云计算+区块链应用有以下两种。

（一）车联网

车联网最为重要也最为核心的内容为数据安全。数据安全性主要表现在数据在传输过程是否能够得到切实有效的保护，采集数据时是否能够控制数据不被泄露等。数据的可靠性和对数据隐私的保护在一定程度上是相互对立、相互矛盾的内容。

为了解决车联网的数据安全问题，借助区块链技术和云计算的巧妙融合能够更好构建安全防护模型，进而加强对数据的安全管理，提高数据管理的安全性和可靠性。这种模型能在区块链上存储车联网中重要的隐私数据，并提供高保密性的功能，同时借助云服务器对敏感度相对较低或重要程度相对较低的数据进行存储，也可以实现对数据的保护，提高数据的安全性和可靠性。通过这种方式，能够在车联网中实现对数据的保护和运算。

一方面，车联网的大量计算需求可以利用云计算的存储和高效计算能力来解决；另一方面，可以将车联网中重要的、不允许被篡改或盗用的信息，借助区块链技术对其进行采集和存储，确保这些信息不会被泄露、修改，进而有效确保数据安全。

在车联网中，车主在注册账号时需要实名注册，并基于其注册的 ID 生成公私钥。车主保存私钥，并将公钥上传到服务器的公钥存储系统中且与 ID 绑定，用于保护车主的隐私。但在某些情况下，必须找到车主的真实身份以便对一些重要信息进行追索和溯源。此时利用区块链的溯源机制，通过车主的公钥，可以从数据库中寻找到与之对应的 ID，这样就可以追溯到其真实身份，既保证了用户的隐私，又保障了数据的可追溯。随着车联网的发展，车联网中的智能合约和"电子货币"机制可以实现类似于保险合同、汽车商店等的交易，从而保证交易的便捷、可靠、安全。车联网可以通过云计算的大容量存储和算力资源协作，解决区块链存储资源消耗高、传输时延长等问题。

云计算＋区块链的车联网的三层体系结构如图 3-3-3 所示。最下层为物理层，即车联网连接的车辆、道路、红绿灯等信息等，然后在云计算平台和区块链系统的平台层的支撑下，完成应用层的各种业务。

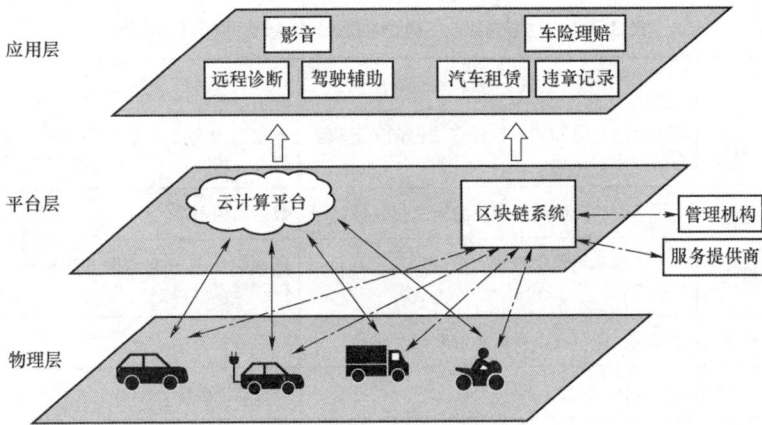

图 3-3-3　区块链＋云计算的车联网结构

（二）云制造

云制造是近年来提出的新概念，主要也参考和学习了云计算的相关内容，是集物联网技术、制造技术、信息技术等于一体诞生的全新产物，本身体现出较强的创新性，也体现出制造即服务的概念。云制造借助先进技术，有效提高制造业的产品质量，提高产品所蕴含的价值，进而控制产品成本，推动制造业的有效发展。

云制造平台目前存在一些关键问题亟待解决：一是当前中心服务器的性能发展存在瓶颈，限制了中心化体系中系统负载的上限；二是信息的真实性和可靠性难以保证，这是因为参与制造的各个主体、各个环节信息分散，彼此间缺乏信任，信息共享程度低；三是数据不易追踪，不利于产品的全生命周期管理；四是用户隐私信息易泄露，信息易被非授权获取和篡改；五是系统容易出现单点故障而引起整个系统瘫痪，抗风险能力弱。

区块链＋云制造的平台系统，能够给云制造的发展带来积极影响，为上述关键问题提供了解决方案。如去中心化、去信任化、集体维护性、加密数字货币、开放的智能合约等特性，能有效保证云制造去中心化、数据信息开放共享、易于追溯。区块链＋云制造相较于传统云制造的优势如表 3-3-1 所示。

131

表 3-3-1　区块链＋云制造相较于传统云制造的优势

类型	区块链＋云制造	传统云制造
数据一致性	共识算法与分布式一致性算法保证了区块链内的共识和信任	云制造服务平台和各个交易企业记录数据不一致时，难以达成数据的一致
数据可溯性	不可篡改的时间戳可保证数据完整且可追溯	数据追溯困难
数据易用性	每个节点都可快捷查询，并获得统一且可信的结果	查询时需要云制造服务平台统一提供接口并授权
数据完整性	分布式存储节点，多重备份数据	数据易丢失
数据可信性	去信任化	平台缺乏公信力
数据安全性	安全透明	数据透明和隐私保护难以平衡
系统负载	去中心化，区块链的架构是共享的、分布式的、重复的、就地取材	中心化设计导致系统负载上限严重受制于中心服务器
抗风险能力	不受单点故障的影响	任何节点出现故障都可能导致整个系统崩溃
合约执行力	智能合约能避免因恶意干扰而影响正常执行	延期支付等恶意干扰合约执行
资金流转	制造业数字货币流转过程中，可简化甚至免去清算过程，增加资金流动性和单位资金的盈利能力	资金流转慢

四、云计算＋区块链落地与发展前景

区块链和云计算相融合的 BaaS 平台，在未来能极大地提高区块链效率和实用性，但是区块链与云计算的融合仍然面临着一些挑战。一是基础设施不足以支撑两者的融合。区块链技术在运行过程中可能会存在一些问题，比如实时转化难度相对较大等。由于区块链技术囊括的数据非常多，需要较多的主体参与，需要多个主体实现同步，因此，在云上部署该技术时，对基础设施的要求相对较高，但云目前拥有的硬件和软件设备并不能够满足两者融合的需要，未来还有较为漫长的路要走。二是区块链技术本身存在一定的不足，目前还没有发展完善。区块链技术是全新的技术，诞生时长相对较短，对其的研究还处在初步阶段，未来还有较多内容值得探讨。就当前阶段的发展水平而言，区块链还存在效率相对较低、可拓展性不足等问题。因此，想要实现两者的融合并推动两者规模化发展还需要加强对区块链技术的研究和应用。三是云服务提供商本身并不属于去中心化的企业，用户对其并不能百分百信任。BaaS 模式主要以私有链、联盟链为主，过于追求效率，因此安全性低、可信度差、存在隐患。而且链上数据的直接价值变现能力不足，致使许多企业还在观望。

《区块链白皮书》指出，区块链技术和传统行业的融合是大势所趋，能够有效推动实体经济的发展，控制企业发展过程中的成本损耗，实现产业链之间的协同配合，提高合作效率，营造良好的信用环境。未来随着区块链技术的不断应用，其承载的数据将会越来越多，借助这一技术能够为贸易往来和信息交流提供良好的价值网络，在确保数据不被泄露、保护资源的基础和前提下实现价值流动。区块链未来的发展不可估量，势必成为基础信息设施，也势必加强与其他技术的沟通和融合，进而更好发挥其作用和价值，实现经济社会的发展。

第四节　区块链技术与大数据的融合

当前，大数据、云计算、人工智能已经成为各行各业发展以及提升市场竞争力的有效工具。如何利用大数据创造价值成为各个企业关注的重点。目前，各领域的企业都开始全方位寻求创新技术以挖掘和利用大数据，让海量数据为企业服务。大数据成为当前市场中备受青睐的创新科技。

一、大数据简述

大数据是指在一定的时间内没有办法使用常规软件对数据进行衡量处理和分析的数据，大数据主要具备大量、低价值密度、高速、多样的特点。

如今，数据的规模非常庞大，体量大、获取速度快，因此被称为大数据，其主要演变过程为：随着网络的飞速发展，网络数据规模也实现了增大。人们在日常生活中应用网络，使得网络能够收集到的数据更加多样、更加复杂、规模更大。比如，谷歌每月需要处理的数据量远超 400 Pb；淘宝的使用人数近 4 亿人，淘宝中上架的产品更是接近于 10 亿，使得淘宝每天产生的数据将近 20 Tb。

互联网企业是收集数据的重要渠道和平台，相应的处理软件会对收集到的数据进行分析，进而从中挖掘有意义的内容，以便于更好优化和丰富业务。从数据处理周期来看，大数据处理一般需要经历数据准备、计算处理等 5 个环节。大数据技术框架如图 3-4-1 所示。

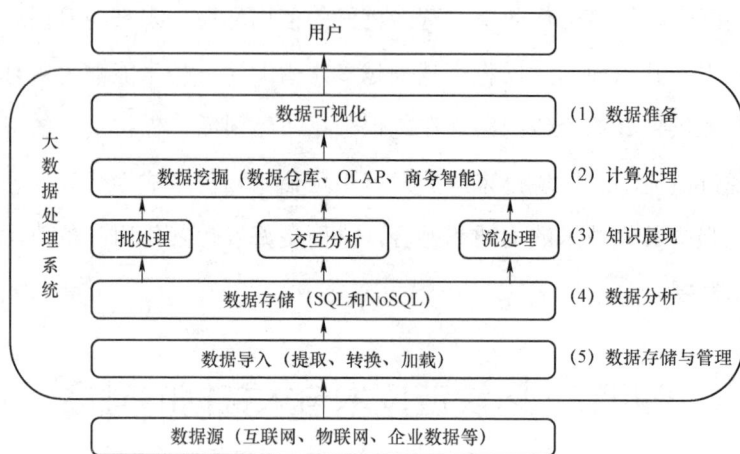

图 3-4-1　大数据技术框架

大数据价值链最重要的部分是数据分析。数据分析既是大数据价值的实现，也是大数据应用的基础，其目的在于增大数据的价值密度，来帮助提出建议或支撑决策。对不同领域数据集的分析可能会产生不同级别的潜在价值，如何快速地从这些海量数据中抽取出关键的信息，为企业和个人带来价值，是各界关注的焦点。目前大数据的具体处理方法主要有：索引、前缀（Trie）树、布隆过滤器（Bloom Filter）、哈希（Hashing）散列法、并行计算法等。

通过以上方法对大数据进行分析后，可以挖掘出其潜在的价值。大数据应用可以帮助用户决策或者实现自动化的业务流程，典型的大数据应用及特征见表 3-4-1。

表 3-4-1　典型的大数据应用及其特征

应用	实例	用户数量	反应时间	数据规模	可靠性	准确性
科学计算	生物信息	小	慢	TB	适中	很高
金融	电子商务	大	非常快	GB	很高	很高
社交网络	脸书	很大	快	PB	高	高
移动数据	移动电话	很大	快	TB	高	高
物联网	传感网	大	快	TB	高	高
Web 数据	新闻网站	很大	快	PB	高	高
多媒体	视频网站	很大	快	PB	高	适中

二、大数据+区块链融合

区块链作为具备不可篡改、历史全记录、去中心化特性的数据库存储技术，每一笔交易的全部历史都存储在其数据集合中。区块链技术的飞速发展，使得数据的规模更加庞大。随着各个业务场景与区块链的融合，区块链的数据将实现更大规模、更丰富的发展。

区块链的可追溯性使数据的质量获得前所未有的强信任背书。区块链提供的账本虽具有完整性，但不具有较强的数据统计分析能力。大数据则具备海量数据存储技术和灵活高效的分析技术，但在数据的溯源和可信方面能力不强。利用区块链脱敏的数据交易将变得更加顺畅，有利于突破信息孤岛，并逐步形成全球化的数据交易。

大数据价值的发挥在于多源数据的融合，以及根据不同的应用需求做出不同的数据产品。目前的数据流通市场仍未火爆，严重制约了社会整体大数据价值的发挥。当前阻碍数据共享乃至影响大数据发展的因素主要有以下几点。

（一）数据权属

定义数据的权属并不是一件容易的事，涉及技术、商业和法律等多方面。

在产权不清晰的前提下，拥有数据的主体没有动力将数据共享出去，因为共享可能会给自身利益带来损耗。如果无法保护数据产权，那么数据一旦售出就会面临被无限次倒卖的风险，数据的市场价值也因无限的供给量而降低。在当前技术条件下，还无法清晰界定数据的所有权和控制权。企业通过网站等途径将用户产生的数据当作自己在经营过程中拥有的资源，但实际上这部分数据是由用户产生的，但用户却无法了解和获取。从根本上来说，这部分数据是用户拥有的独立的信用资源，具有较多价值，应当是属于用户的。

区块链技术能够有效解决上述问题，主要得益于其具有的路径追溯功能，能够对数据来源进行追溯，能够明确数据的流通路径，进而使交易更加公开化、透明化。当需要对数据进行追溯时，可以及时对各个区块的信息进行捕捉，通过相互连接形成交易链条，使得每笔交易的来龙去脉清晰透明、安全可靠。区块链使数据作为资产进行流通时得到保障，有助于让数据真正实现资产化。简单地说，数据一旦上链，就决定了其来源于谁，不论该数据被如何利用或传播，依旧无法对这一根本特点进行改变，依旧能够溯源到用户本身，明确数据的权属。如果数据的接收者对数据本身有任何疑问或想核实交易情况，可以进行追踪溯源。区块链技术和大数据技术的紧密融合在一定程度上能够有效维护数据应用秩序，明确授权和使用问题，让用户重新掌握自己数据的所有权。

（二）数据质量

在小数据时代，数据的来源不同，其格式就不同。到了大数据时代，由于数据源的千差万别，因此采集的数据无论格式还是质量都存在很大的差别。一方面，即使数据格式相同，也可能存在语意和度量衡的差别，如同形状不一的石块很难直接垒成摩天大楼；另一方面，原始数据会有缺漏和错误之处，也可能混有大量无效数据和垃圾数据，必须进行数据清洗，否则无法使用。

借助共识验证机制能够有效检验数据是否符合标准，以此来对数据进行筛选。区块链中的数据在注册时会有一定的要求，认证时也需要符合一定的标准，进而确保数据能够具备一定价值，同时也能确保当多个数据被混合时，可以更加直接有效地对数据进行解读。

应用区块链技术还能有效提高数据的真实性，提高其信用值。多个主体都可以对数据进行检查，通过多种途径判断数据是否有效。区块链技术本身所具备的特征，使得经其处理的数据更容易得到人们的认可和信赖，也能有效确保数据分析的可靠性和可参考性，进而充分发挥数据挖掘的意义和价值。区块链共识验证数据，也是梅兰妮·斯万（Meanie Swan）提到的最高推荐等级的数据，因为该数据的精度和质量是基于群体共识的。

（三）数据安全

数据安全是保障数据权属的核心问题。有时候，用户的数据会未经授权而被采集、分析并使用，甚至重要的数据流入数据黑市，这将会对用户、企业甚至国家安全造成损害。现在，数据被私自采集和滥用的现象屡禁不止，导致很多数据主体参与数据流通的意愿不强。

区块链用以哈希加密为主的多种加密技术来保障数据的安全和数据的隐私。在将数据放置到区块链之前，数据会经过哈希加密处理；数字签名技术对访问权限进行了有效设置，只有被授予相关权限的主体才能对数据进行访问；私钥的存在一方面能够避免数据泄露，保护个人隐私，同时也能使研究机构获得相关的数据，实现共享，在保护个人隐私的基础和前提下开展数据分析和价值挖掘工作。系统安全和数据安全还需要被审计监管，通过区块链的智能合约，可以给出数据使用的具体条款，并照此监督数据的使用。条款必须有形式化的描述，其目的在于让非 IT 专业人员能够编写这些条款，如企业法务人员。

企业的数据要想流通，就需要法律人士给出逻辑严密的使用条例，条例的内容本质上不属于 IT 范畴。对于个人用户来说，审计监控和精细化授权也能最大限度地保护用户隐私。在企业内，使用区块链技术合并来自不同区域的数据，不但能降低企业审核自身数据的成本，还可以与审计员共享数据。

在某个生态系统，如银行内，现在可能会坦率地向竞争对手展示自己的数据，因为结合多家银行的数据可以做出更好的模型以预防信用卡欺诈；供应链机构通过区块链共享数据，可以更好地支持供应链运转。在全球范围内，区块链可以促进不同生态系统之间的数据共享。在某些情况下，当孤立的数据被整合后，还可以得到一个新的数据集，从中可以发现新的见解、新的业务应用。也就是说，以前做不到的事情现在也许可以做到了。

（四）数据定价

在保障数据权属和数据安全两大前提下，数据才能被定价。数据已经被公认为是一种资产，具有无形财产和资产的属性，但应如何准确衡量数据的价值目前还没有成熟的方法。数据定价的主要依据有两个：一是根据效用，即根据数据使用的频率，依据分析结果追溯数据的真正来源，使各方数据对结果的贡献程度都能被量化；二是根据稀缺性，即根据数据价值的密度以及历史价值的稀缺性进行定价。还有学者提出了应用博弈论、人工智能等方法对数据资产进行评估的观点，但是它们都不能很好地解决数据价值量化的问题。

区块链技术能明确交易历史和各方贡献，助力对数据价值的衡量。未来的数据市场需要有灵活的数据定价模型，既考虑数据的使用历史和时间变化所形成的基础价值，又能计量当前使用中可量化的价值，计算出交易的数据定价。如果使用的是多方数据，可以根据各方贡献的大小对其数据分别定价。区块链的可追溯性和不可篡改性能够明确数据的使用历史和交易历史，有助于衡量各方的贡献，从而设计出更灵活的数据定价模型。例如，将一次定价变为多次定价，根据一定时期内数据所发挥的价值，按周期对各方的贡献进行"分红"。

三、大数据＋区块链应用

很多行业受益于大数据解决方案，如医疗保健行业、网络数字媒体业、金融服务业、电子商务业、零售业及客户服务业等。因此，市场上出现了大量的数据存储和分析工具，如 Hadoop、Apache Spark/Storm、Google Big Query 等。

区块链系统与大数据的融合，可以针对不同的业务场景，实现不同层级的数据共享。对体量小的数据，可以直接将数据上链，实现全部数据的共享；对体量略大的数据，则可以抽取出数据处理结果后将其结果上链，而将原始数据存在链下，并通过区块链中的时间和哈希函数，保证原始数据不被篡改、不被伪造；对体量极大的数据，就可以将数据所在存储区块的时间和哈希值上链，通过不同层次的云计算和边缘计算，实现不同层级的数据本地化或云化处理，从而发挥数据的作用。

此外，还必须从大量的低价值密度的数据中抽取出数据的内在价值，否则，低价值密度的数据也没有必要用区块链来处理。目前，区块链技术与大数据融合应用场景有以下几种。

（一）交通大数据

城市交通方面的基础数据主要来源于动态和静态层面。政府相关部门等可以结合自身的实际需求选择静态数据并基于此建立数据库。传统的交通大数据面临着以下几个问题。

（1）数据采集途径有限

目前数据采集方面还不够健全，设施配备还有不足，采集数据效率相对较低，能力相对较差。

（2）数据难以共享

想要将获取的数据进行共享存在一定的难度，影响资源共享作用和价值的发挥，且有些数据在共享过程中可能还存在数据被泄露或流失的风险。即便实现数据共享后，数据价值也无法得到充分体现。不同机构对数据进行分析所采取的方式和遵循的原则有一定的差异，使得数据分析质量参差不齐。

如对于城市道路交通动态信息来说，与之相关的信息种类非常多元。拥堵信息主要是由交管部门所提供，由交管部门所配置的相关设备或采取的技术对数据进行获取和捕捉，进而通过有效处理及时进行反馈；管控信息则是由政府相关部门具体负责，由政府相关部门进行把控。这些信息都来自不同的政府部门，不同部门获取的数据需要进行初次处理，处理完成后再上传到综合数据管理层，由其进行二次处理。由于组织机构不同，因此数据共享存在难度，无法在同一层级实现数据的互通和交流，只能根据业务或功能在不同层级之间进行传递。

借助区块链技术能够实现去中心化，进而实现交通数据的互联互通，尤其是借助区块链技术的合约机制等能够有效确保数据的安全性、真实性、可靠性，能够更好开展对数据的分析。借助区块链技术的网络层等使数据更加规范标准，使数据平台呈现出更强的专业性、智能化。

区块链技术的引入能够使各数据源直接进入链条中，进而避免数据在传输过程中有失偏颇，同时也能实现从头到尾的数据共享。

区块链技术和交通大数据平台的紧密结合在一定程度上能够有效提高交通数据管理的科学性与智能性，提高数据采集效率和质量，优化存储模式，实现数据共享。这种模式能够有效提高系统的运行效率，降低运行过程中可能产生的无谓损耗和资金成本，便于打破不同部门之间的信息壁垒，有效提高服务的科学性与合理性。

（二）政务信息

政府相关部门承担着治理社会的重要责任，在社会治理工作中掌握着最多的数据。如何加强对数据的应用、有效提高治理能力是对政府部门的考验。政府部门应当善于借助大数据技术加强对生活各个领域的数据的收集和分析，将区块链技术和政务大数据进行巧妙结合，进而有效提高社会治理效率，提高政府的社会服务能力和水平，树立政府的良好形象，增强政府公信力。

区块链技术与智能政务系统存在着重要的契合点。一方面，构建智能政务系统的目标在于有效整合政务信息系统，避免因系统不同而造成的数据信息差距，实现不同部门之间的协同配合和资源共享，提高社会治理能力和水平。构建政务系统的目标与区块链的特点十分匹配，区块链本身的去中心化等特征能够极好的满足政务系统的构建要求。通过应用"区块链＋政务大数据"的模式能够使各主体更好参与其中，使政务信息更加公开透明，也能有效优化政府组织结构。另一方面，引入区块链技术能够有效保障信息安全。区块链是由多个节点所组成，信息会直接输入到不同节点中，不需要由中间机构进行处理，节点中存储的信息真实性更高，且信息不会被篡改，借助这一技术能够有效提高系统数据的存储能力和水平，也能有效确保数据安全。因此，要善于在政府治理系统中引入区块链技术，充分发挥区块链技术的作用和价值，有效提高社会治理水平。

（三）医疗

不同国家和地区都非常重视医疗大数据的发展，充分意识到了医疗大数据未来具有广阔的发展空间，制药企业或医疗机构都对医疗大数据投入了较多的资源，用于推动其发展，以期借助这种模式有效降低运营成本。区块链在医疗健康行业落地应用的关键是，保障医疗大数据采集和存储中的信息数据的安全和隐私，具体要求主要体现在以下几个方面。

1. 保障数据安全和隐私

医疗保健部门存储的信息大多属于个人隐私信息，如疾病状况等，这些信息都是个人不愿意泄露的，因此应当对这部分信息进行保密。集中式的数据库和中心化的管理已不再是一个切实可行的好选择。数据的隐私问题在区块链架构上能够得到更好的解决。借助多签名私钥和加密技术，能够对个人的访问权限进行有效控制，人们只能访问自己权限范围之内的数据，这样能够有效保障数据的安全性和私密性。

2.保障数据不被篡改

区块链技术能够对信息数据进行存储，借助这一技术能够确保数据的真实性，确保其不被篡改，可以通过设置私钥等方式更好地对数据进行保护。区块链不再由某单一节点（团体）控制医疗数据，而是让所有主体都能关注和把控数据的真实性，这样能够有效确保数据的可靠性，避免因为其他因素影响而使数据存在偏差。

3.优化流程和提高效率

由于医疗收费系统过于复杂，政府和医疗机构每年要花费大量人力、物力来维护系统。如果保险公司、医院收费部门、贷款方及患者都使用同一个区块链来管理支付，就既能够保护患者的隐私，又能够提高医疗收费过程的效率。区块链的稳定性可以让所有相关方迅速地访问、查看和获取不依赖第三方的分布式总账，促进医疗数据安全地在机构间流动。

通过大数据系统进行医疗数据的分析并提取价值，可以助力医疗等相关行业的发展，区块链则能保证医疗大数据在采集、存储过程中的安全性、隐私性。区块链和大数据的融合对医疗行业的影响将会是巨大的。

四、大数据+区块链落地与发展前景

《大数据白皮书》明确指出，当前大数据管理类产品虽然数量可观、发展较快，但不可否认其还处在初级阶段。国内常见的大数据管理类产品大约有20多种，虽然大部分产品具有一定的实用价值，涉及内容非常多元，但实际技术难度却并不高。随着经济社会的不断发展，数据作为重要的社会资产无疑会有更高的地位和价值。因此，大数据管理软件必须要与时俱进，要发挥其作用和价值，未来将与其他技术进行巧妙融合，进而获得更广阔的发展空间，实现跨越式发展。

大数据和区块链等相关技术的融合逐渐深入且逐渐被推广和应用，一方面，借助区块链技术能够有效确保数据的真实性，避免数据被篡改，打破数据壁垒；另一方面，借助大数据技术也能有效推动区块链技术不断优化和完善。通过协同发展能更好地推动行业产业的转型升级，推动数字经济的高效发展。

区块链与大数据的融合，在具体应用中会遇到各种各样的问题。但随着各种设施设备的存储容量增加、运算速度提高和传输效率提升，以及各种技术的发展，尤其是紧密结合各种应用场景展开优化，区块链与大数据将相互融合并共同服务于生产生活，共同创造人类社会美好的前景，这是值得期待，也是值得付出努力，并一定会实现的。

第四章　区块链技术在农业中的应用

区块链技术上连农业大数据，下连农业智能系统，是推动农业产业革命、加快农业农村现代化的重要工具，在全面提升食品安全层次、提高食品产业链和供应链现代化水平、强化农村金融保险服务能力等方面具有广阔的发展空间。本章主要介绍了区块链＋农业的融合信任成本、农业区块链应用的目标与需求、农业区块链的具体应用。

第一节　区块链＋农业的融合信任成本

一、种植户与收货商的信任成本

（一）种植户与收货商的对接方式

与大多数行业一样，农产品的生产者（种植户）会把他们的产品就地销售给那些拥有更多渠道的收货商，二者之间的对接方式主要可以分为以下两大类。

1. 产销结合

产销结合的方式普遍存在于一些规模较大的基地、企业或农场中，这些地方通常拥有较大的种植区域，同时其所种植的农产品品种通常较为单一，这种情况使得它们更加适合采取直接销售的方式。在实际操作中，这些大型企业往往会选择与批发市场中的某些档口进行合作，有时候甚至会在批发市场内租赁档口，直接派遣自家员工去进行销售工作。这样的直销方式使得企业能够与其他的批发商、零售商乃至最终消费者保持直接的联系，从而实现产品从生产到销售的无缝对接。

在产销结合方式中，种植户与收货商之间不是独立的利益主体，而是一个利益主体下的两个部门，彼此的利益分配经常由上级部门进行协调，很少会出现信任成本较高的情况，这里暂时不作重点讨论。

2. 产销分离

产销分离是比较传统的农产品收购方式，也是目前种植户与收货商之间最常见的对接方式。根据价格形成机制的差异，这一大类还可以分为以下三个子类别。

（1）完全现货（产区收货型）。完全现货是指买卖双方的成交价格完全以市场行情为标准，这种对接方式常见于种植品种较集中的农业产区。由于这类地区种植农户较多，而且普遍规模不大，所以可以通过多笔交易制订市场价格。

（2）完全期货（订单生产型）。这种方式是指买卖双方在中长期的协议基础上展开合作，其中采购方明确设定了产品的标准，并且委托种植户按照既定数量进行特定作物的种植。按照协议规定的标准和价格，采购方会收回种植出来的产品。在实际操作中，许多大型蔬菜采购企业常采用此种方式，典型的例子包括国际知名的快餐企业如麦当劳、肯德基等。

（3）现期结合（包地销售型）。这是一种结合现货和期货优点的交易方式，通常在产品成熟前大约一个月，收货商会对种植户的预期产量以及市场行情进行综合评估。基于这些评估，收货商与种植户进行洽谈，最终直接约定一个所谓的"包地价格"。一旦达成此协议，所有后期的管理和采收工作都将由收货商负责。这种交易方式不仅能保证价格的稳定性，还能避免出现因产品质量差异而导致的风险。因此，它广受种植户和收货商的青睐。

（二）产销分离方式的特点分析

完全现货型对接的优势主要体现在价格上，它可以保证绝大多数成交都物有所值，出现货物质量与成交价格不匹配的情况比较少；缺点则体现在数量上，也就是在完全市场化的情况下，市场上的供需可能会不匹配，从而造成农产品紧缺或过剩。

完全期货型对接则恰恰相反，虽然可以避免出现收不到货或卖不出去的情况，但有可能会造成价格偏高或偏低的情况。例如，在买卖双方已经签订了订单合同的情况下，假如现货价格下降或菜品质量偏低，收货商很可能会付出高于这些产品价值的价格；而如果市场现货价格高涨，则种植户很可能会获得低于市场平均水平的收益。

现期结合虽然融合了上述两种方式的优点，但由于农产品具有受自然条件影响较大的特殊性，目前仅适用于相对能够储存的品种，如大蒜、土豆、红萝卜等。

从行业的角度来看，使用农产品现期结合的对接方式所产生的行业流通成本相对较低，一方面不易产生较多的库存，另一方面又能以相对合理的价格成交。但是，目前其使用范围主要集中在个别品种当中，难以进行全面推广。

相比之下，现货型对接由于没有保底合同，存在一定的滞销风险，容易产生较高的行业流通成本。因为对于种植户来说，在滞销产品上所付出的额外成本，最后都是要通过销售出去的产品回收回来的。也就是说，在完全现货的对接方式中，农产品的价格会包含滞销或潜在滞销而产生的溢价。

期货型对接从理论上讲可以有效地避免数量风险，在数量上不易因为信息不对称而出现供需不匹配的情况。与现货型对接相比，期货型对接似乎是一种较理想的销售方式，然而在实际操作中，它的风险却可能比现货型对接更大。正如前面所提到的，由于农产品受自然条件影响较大，外加当前其流通链条较混乱，种植户与收货商之间的信任基础非常差，经常会出现毁约的情况。如果收货商觉得种植户的产品的真实价值低于早先谈成的价格，很可能会拒绝履约，选择去购买其他种植户的产品；而种植户如果觉得自己的菜品按照市价卖可以获得比合约价更高的价格，则可能会拒绝履约，转而将自己的产品卖给其他收货商。但不管发生哪一种情况，对于买卖双方来说，都意味着上一笔交易的作废，花在这笔交易上的时间、精力以及金钱成本也都成了无用功。但是，这些不必要的成本不会凭空消失，对于这个环节的利益主体来说，他们最后在通过市价来确保自己利益时都会将这些成本计算到价格中。

（三）基于区块链的种植户与收货商智能合约

考虑到期货型对接在目前的种植户与收货商之间仍然是一种被广泛使用的对接方式，利用区块链削减种植户与收货商对接的信任成本，对压缩流通成本会起到很大的作用，因此，可以使买家与卖家基于某底层公链共同设定一个智能合约，同时双方各出一部分定金，锁定在智能合约中，具体数量由双方共同约定。除非双方同时使用密钥，否则智能合约不可单方面篡改。

合约的规则大致如下。

（1）若卖家产品的数量与质量均达标，且买家款项入账，则到达时限后双方定金各自退回，款项发送至卖家账户处，买家提走货物。

（2）若卖家产品数量与质量有任意一项不达标，且买家款项入账，则到达时限后，双方定金和款项退给买家，卖家定金作为赔偿费。

（3）若卖家产品达标，且买家款项未入账，则到达时限后，双方定金退给卖家，买家定金作为赔偿费。

（4）若卖家产品质量不达标，且买家款项未入账，则到达时限后，双方定金各自退回。

从理论上讲，如果存在定金抵押，那么基于区块链的智能合约可以有效地约束买卖双方的行为，在让买家及时履约付款的同时也促使卖家产品的质量与数量实现达标水平。但是在现实操作中,这个智能合约存在一个问题——在我国农业信息化与数字化尚未普及的情况下,卖家产品质量的指标属于链下信息,如对生鲜产品的肉眼鉴别等,是很难以可信的状态被量化记录到区块链上的。这样一来,在这个环节,区块链的解决方案实际上只能用来丈量农产品的数量,而非质量。

从这点来看,在这个场景中,区块链在确保买家款项到位方面可以起到较大作用,在确保卖家产品数量到位方面也可以起到一定作用(农产品可能会因为掺水等原因而存在"虚重"情况);而在确保卖家产品质量达标上目前暂时还不能起到太大作用,可能要等到我国农业领域的数字化程度进一步提高之后,区块链才能最大程度发挥出它的潜力。在种植户与收货商之间,"区块链+智能合约"的融合可以在特定的情境下起到一定的作用。

二、收货商与代售商的信任成本

(一)收货商与代售商的对接方式

与上一个环节类似,收货商与代售商之间也存在着多种对接方式,具体可分为以下两大类。

1. 收售结合

收售结合是档口由生产基地或收货商自营,自己销售自己收到的农产品。和"产销结合"类似,收货商与代售商彼此之间不是独立的利益主体,而是一个利益主体下的两个部门,其利益分配更多的是由上级决定,这里暂时不做重点讨论。

2. 收售分离

收售分离是目前收货商与代售商之间最常见的对接方式,根据合作的特点,这一大类还可以分为以下两个子类别。

（1）二级分销。二级分销是指代售商从收货商那里进货，然后自己进行销售，整个过程由代售商自负盈亏。

（2）委托代售。委托代售是指收货商把货发给批发市场的合作代售商，由代售商负责销售并收取代卖费，整个过程由收货商自负盈亏。

在目前的农产品行业中，收货商与代售商之间仍以收售分离的对接方式为主，其原因主要有：第一，批发市场档口资源是有限的，并非想有就能有。尤其是在某些交易繁荣的市场，闲置的档口非常难找，即使找到了，费用也比较高。第二，由于农产品具有季节性，很多基地或收货商不是长年都有货供应，绝大部分农产品只有一个生产季节，时间很短，如果自设档口，成本非常高。第三，生产与销售属于不同的分工，各自具备一定的专业性，没有长时间的经验及资源积累，未必能销售出好价格。所以，农业产业链中的收货商和代售商一般都是不同的利益主体。而在收售分离中，由于"委托代售"无须花费大笔资金从上游买入货源，对相关的经营主体来说，其盈利模式更像是服务而非贸易，经营风险相对来说较小，因此是农产品行业使用已久的主流对接方式。

（二）收售分离方式的特点分析

随着近年来互联网技术，尤其是移动互联网的发展，传统的农产品对接方式正面临着前所未有的挑战。一方面，代售商依然采取较为"黑箱"的方式来为委托人进行代销售；另一方面，收货商却可以通过互联网从各个渠道获得一些亦真亦假的价格信息。这种旧模式与新技术之间的冲突，很快引起了收货商与代售商之间的信任危机。

从收货商的角度来看，他们如果发现自家产品的成交价低于早先的预期，或者与其他同行存在出入，便会觉得代售商的议价水平有限，导致自己货物的价格被低估，甚至有时候会认为代售商为了牟利，存在虚报成交价的行为。在代售商看来，农产品本身存在质量多元化和行情变化快的特点，收货商如果将不同质量的货物或不同时间段的价格进行对比，本身就有失偏颇。至于虚报价格的行为，收货商的担忧亦是多余的。近年来，代售领域的竞争越来越激烈，档口与人力的费用有所上升，代售商不太可能为了短期的利益而失去长期的客户。所以，他们所担心的恶意虚报价格的情况，实际上并非行业主流行为。

收货商与代售商各执一词，对于双方达成共识并无太多帮助。双方的不信任程度在近年也越来越深，其中最直观的体现有两点：一是在空间维度上，收货商越来越趋向于将自己的货分为几份，在市场找多个档口代卖，以便互相比价；二是在时间维度上，双方的合作周期逐渐缩短，行业发展早期的收货商与代售商之间的合作时间可以达到数年，而现在能够合作一个季度便已经十分理想，有不少买卖方甚至只能以天来计数。在彼此迅速透支早期的期待与信任之后，双方便会结束合作，寻找新的合作对象。

（三）基于区块链的收货商与代售商场景优化

收货商与代售商之间这种走马灯似的短期合作关系耗费了很多时间与精力——在收货商看来，长期的合作虽然花费的时间与精力成本较低，却会使自己的收益有所下降；短期的合作虽然要不断地寻找伙伴，但至少可以获得相对满意的价格。然而，他们没有意识到，这个最终的成交价格已经无形中包含了农产品因收货商与代售商互不信任而产生的时间与精力成本，在最终抬高了农产品终端价格的同时，也削弱了自身与进口农产品相比的国际竞争力。

在这种情况下，用区块链来削减收货商与代售商之间因为互不信任而产生的无谓的时间和精力成本就显得比较重要。具体的场景优化方案大致如下。

（1）通过预言机等技术设备及手段，将农产品交易市场的称重与支付设备接入区块链中，使其产生的数据信息可以上链。

（2）实现每笔交易格式的标准化，在交易进行中，农产品的重量及成交总价都会自动地通过相关设备被记录到各自所处的每笔交易中，进而通过"成交总价/农产品重量"的方式来计算得出每笔交易的单价。这样方便收货商与代售商之间进行价格核对，从而可让代售商证明自己并未虚报价格。

（3）市场方面可将特定品种的交易价格进行汇总，形成类似于金融市场交易所的"价格—时间 K 线图"，每笔交易匿名但能够查询成交量与成交价。这样一来，可以让收货商看到特定时间的成交价格，避免因为农产品的行情变化过快而产生对代售商议价能力欠佳的疑虑。

在这个场景中，区块链的应用基本解决了收货商和代售商之间的主观不信任问题。在相关规则设置合理的情况下，利用区块链的可追溯特性，收货商可以通过查询单笔交易的成交情况，清楚且实时地了解到代售商在委托销售的过程中究竟有无虚报价格的行为。同时，在客观不信任方面，通过查询整个市场的交易价格变动情况，收货商可以了解到自己所委托的代售商的成交价格与其他同行之间是否存在较大的差距。

但是，正如前面所提到的，与一些同质化程度较高或比较标准化的产品不同（如电力、原油等），农产品的品质是比较多样化的。即使同一个品种的产品，也有可能因为光照、土壤、灌溉等原因而导致质量出现一定的差异，它们的成交价格也将有所不同。如果收货商无法正确地认识到这一点，那么在发现自己的货物与同类产品在同一时间点出现价格差异时，他们仍然可能会对代售商的议价水平质疑，这一点是区块链所无法弥补的。因为在农产品质量的鉴别上，目前在农产品流通领域还没有特别标准化的指标，也很难以量化的数据状态上链。不过总体而言，在这个环节中，区块链还是起到了比较大的作用。

三、消费者与农业产业链的信任成市

在农业产业链中，最具影响力的信任危机通常源于消费者与整个农业供应链之间的关系。这种信任危机带来的成本并不直接反映在农产品的最终销售价格上，然而它确实导致消费者认为国内农产品存在较高的风险。因此，即便国产与进口农产品的价格持平，许多消费者仍可能倾向于选择进口商品。这种对国产农产品的普遍不信任，并非仅针对某一特定品种或生产环节，而是涉及多种农产品和整个产业链。这种不信任覆盖了从蔬菜、水果到生鲜和鱼肉等多个品类，以及从生产、加工、流通到分配等各个环节，形成了消费者对农业供应链的全方位质疑。

对于这些涉及消费者的种种不信任情况，近年来人们都有所耳闻。在这样的情况下，通过直接把农业数据推送给消费者来获取信任的行业解决方案，实际上只能覆盖农业产业链的一部分环节。而这一部分环节，目前也存在很大的优化空间。对于消费者来说，他们之所以会选择进口农产品，本质上是因为他们信任这些国家的农业供应链、检验体系及后续的分配包装流程。这些进口农产品的背后是有产品来源国的农业实力、完善检验甚至商业环境做背书的，这才是消费者能够快速产生信任的标准。如果未来能够实现农业可靠数据的上链，那么与其通过区块链把相关的信息全部推送给消费者，不如把这些数据推送给权威的监管部门，让监管部门对自己的产品进行认证。对于消费者来说，监管部门的认证与背书才能让他们快速对产品产生一定的信任。

虽然数据上链可以规范未来的农业供应链，但这种解决方案仍然是存在疏漏的。因为在最后的人工装配阶段，相关机构与人员仍然会因为缺乏见证者而存在作恶的可能。通过区块链来削减消费者对整条农业产业链的信任成本，仍任重道远。由于相关工作具有复杂性，从上述环节来看，区块链在这个环节的落地可能是最滞后的。

从区块链与农业的结合情况来看，这个领域始终面临着产业链数据难以上链的困境，但农产品的价格敏感性与多样性又要求其生产与流通过程高度透明，这就决定了在可预期的时期内，区块链更多地会在一些小范围的对接环节率先进行一些特定场景的应用。随着农业产业链的数字化改造、农产品质量体系的标准化，甚至整个商业环境诚信程度的提升，区块链在农业中的应用将会逐渐铺开。与其他行业相比，区块链在农业上消耗的时间相对最多，但其给社会带来的潜移默化的影响也将是最大的。

第二节　农业区块链应用的目标与需求

区块链在农业中应用的关键是要在使用区块链技术搭建农业底层信任基础设施的基础上，充分运用区块链的数据不可篡改与去中心化、云中介等技术与性能特征来重构实体农业在互联社会的新型生产关系。

一、农业区块链应用的目标领域

区块链在农业中应用的核心目标是打造品牌农产品与定制农业等新型农业的生产关系，其主要工作是以构成现代农业信任互联网为核心，基于区块链技术建立面向农业行业的开放型专门信息技术设施、应用架构与组织运营体系。区块链在现代农业和我国新农村建设中的应用特别需要关注以下三个领域。

第一，区块链在富裕乡村建设中的应用。在富裕乡村建设中，区块链主要应用于农业产业发展中的农产品品牌打造。基于区块链溯源信息、农产品质量认证信息、检验检测数据等的上链，促进农业生产数据、品质数据的透明化，为农产品订单生产、定制生产或众筹生产奠定基础。

第二，区块链在和谐乡村建设中的应用。在和谐乡村建设中，区块链主要应用于农村基层社会治理，特别是农村基层党组织、村民委员会、农村基层经济合作组织等基础组织的治理。基于区块链实现治理信息的公开透明、民主决策与规范化，从而消解农村基层社会治理中因信息不公开、不透明、不规范而导致的社会矛盾。

第三，区块链在美丽乡村建设中的应用。在美丽乡村建设中，区块链主要应用于农村环境数据的监测。基于物联网的数据采集与区块链的数据存储，既实现了农村环境数据的多方共享，又实现了对农村环境数据进行历史记录，协助农村环境保护与治理相关各方，如政府、土地业主及环境治理服务方实现环境治理与保护。

二、农业区块链应用的特征需求

第一，开放性。农业区块链平台应是一个面向农业领域的全面开放平台，任何与农业相关的投资人、互联网技术专家、农业经营组织、政府机关和农产品消费者，都应该以自己最擅长的方式参与农业区块链平台的技术研发、运营与应用，农业区块链平台的机制、技术、网络与应用均全面开放。

第二，行业性。农业区块链平台应具有明确的应用领域，这个领域就是现代农业。农业区块链平台应围绕现代农业发展，构建"计算可信互联网"，从底层共识网络的建设、运营，到中间平台层的研发，再到上层应用的孵化、培育、应用推广，开展系统性工作。

第三，混合激励。农业区块链平台应为农业信任互联网的建设、运营与应用的各方参与者，设计可有效激励相关参与方的混合激励机制。通过农业区块链平台算力代币奖励机制，系统可激励农业区块链平台的算力中心、应用平台、生产与消费用户、技术创新等各方面的参与者。

第四，生态性。农业区块链平台应着力建设和培育围绕现代农业信任互联网的生态链。在这个开放性的生态链中，农产品消费者、互联网科研团队、算力提供方、产业投资机构、农业生产经营组织协同合作，各展所能、各取所需，为实现"让农业更美好"的愿景共同努力。

第三节　农业区块链的具体应用

一、农业金融

在我国农村地区，尽管已经初步建立了一个覆盖广泛、层次多样且形式多元的金融服务体系，但这一体系仍然面临诸多挑战。在这样的情形下，代表金融科技前沿的区块链技术及其在农村金融服务中的应用，为解决我国农村地区的金融问题开辟了一条创新的思路。

　　近几年来，围绕区块链技术及其应用的政策持续优化与完善，地方政府也相继推出了一系列政策，以支持区块链行业的健康发展。得益于政府的积极推动和支持，区块链技术在我国得到了迅猛发展，特别是在金融等关键领域已展现出其广泛的应用前景。此外，这一技术的发展为创新农村地区的金融服务模式提供了重要契机。随着区块链技术与金融领域的进一步融合，探索区块链及其在金融应用中的创新逐渐成为金融科技领域战略发展的关键方向之一。

（一）区块链技术在农村金融领域的应用现状

1. 区块链 + 支付结算业务

　　区块链技术作为一种新兴的基础技术，已显示出其在弥补我国农村支付结算体系现有不足方面的巨大潜力。利用该技术，交易双方能够绕过传统的中介机构，直接实现点对点的交易。这不仅有助于解决地域和市场分割的问题，还能使交易和结算过程同时发生，从而显著减少交易所需时间并降低结算成本。

　　此外，区块链技术保证了所有交易步骤都被安全记录在一个去中心化的分布式账本中。这一账本的特点是信息共享而内容不可被篡改，通过联盟链与私有链的协同作用，有效地解决了支付制度中供需不平衡的问题，扩大了农村地区的金融服务覆盖范围，并确保了数据的高度安全性。

　　最后，区块链系统利用时间戳和交易序号作为标准，构建了一个高效的查询树，这个树指向特定的区块子集，极大地简化了程序操作，提高了查询效率，同时也降低了操作过程中的错误发生概率。

　　在我国，已经有数家金融机构和互联网公司开始采用区块链技术，这些机构致力于通过应用技术，改进和创新农村金融支付结算体系。这些实践和探索表明，区块链技术在我国农村金融支付结算领域中具有重要的应用前景和发展潜力。

2. 区块链 + 票据业务

区块链技术对于提升我国农村地区票据业务的效率和安全性具有极其重要的作用。采用区块链技术，实现了数字票据在参与者之间的"点对点"直接传递。应用这一技术不仅使得偏远地区的金融机构能够参与到数字票据的交易中来，而且通过与多方资金平台的数据接口对接，有效地解决了农村资金供应主体过于单一的问题。在数据管理层面，区块链技术能够创建一个分布式的总账系统，用于安全存储和传播票据信息，增强了农村票据市场的数据安全性和提高了容错能力。此外，利用智能合约来控制票据流通的具体方向和价值限制，确保每个交易环节都能被监控和追踪，从而有利于形成一个统一且规范的农村票据市场规则体系，使得监管和风险管理更为便捷。

目前，我国农村金融市场已经开始应用小额、短期的区块链票据。例如，贵阳银行与深圳区块链金融服务有限公司合作开发的区块链票链产品，已经为农村地区的小微企业提供了不受金额和期限限制的票据融资服务，显著降低了这些企业和农户的融资成本；浙商银行将区块链技术引入数字汇票业务之后，使客户能够直接在移动客户端完成汇票的签收、签发、转让、买卖及兑付操作，极大地解决了汇票的防伪、流通和遗失问题；同时，中国农业银行与趣链科技的合作推动了区块链技术在数字票据业务中的创新，已成功完成 POC 测试，并在中国农业银行的 E 商管家平台上的众多企业中进行了试用。

3. 区块链 + 保险业务

保险公司可以利用区块链技术构建一个自证明的系统，该系统能够自动核实投保农户的身份信息、信用记录、资产状况、医疗健康记录及各项交易历史，而无须第三方机构参与。对区块链技术的应用，让保险公司能够获取到更精准的农户信息，进而设计出更符合农户实际需求的保险产品。此外，通过引入基于区块链技术的智能合约，整个保险流程将变得更加透明，这有助于防止欺诈保险的事件发生。

　　整个保险流程，从投保到赔付，都无须人工干预，但结果准确无误。这不仅极大地简化了业务流程，还提高了赔付的效率，有助于降低双方即农户和保险公司的运营成本。以农业保险为例，当保险事故发生时，智能合约能够自动启动索赔流程，确保保险人能够快速且高效地获得理赔。此外，通过使用联盟链技术连接多家保险公司及其销售渠道，可以建立一个覆盖农村地区的小额保险服务网络，进一步完善保险服务体系。这些技术的应用和发展，为农户提供了更为全面和便捷的保险服务，极大地促进了农业保险市场的健康发展。

4. 区块链 + 供应链金融业务

　　区块链技术在农村供应链金融的应用不仅彻底改变了传统的交易方式，更是深度重构了供应链模式的基础结构。该技术不仅有望让银行突破现有业务瓶颈，而且为原本面临融资困境的中小企业开辟了新的道路，大幅减少了资金风险防控的成本，节约了宝贵的时间，同时也降低了业务操作的复杂度。此外，区块链技术通过构建专属的联盟链，能够把供应链中的上下游企业、核心企业与物流仓储、金融机构及第三方信息服务商紧密连接到一起，在供应链金融平台上共享透明且可靠的信息，有效解决了信息不对称的问题和避免了核心企业追求利益最大化的行为，显著提升了资金流转的效率和系统的灵活性。

　　利用区块链技术，可以设计一个整合供应链联盟、金融机构和政府监管机构的三位一体供应链信息平台的概念模型，从而构建一个高度可信的供应链生态系统。进一步地，运用智能合约技术可以确保交易程序完全数字化，设定自动支付的条件及具体时间，极大简化了交易流程。这种方法不仅提高了交易的准确性，还极大地提升了工作效率，为供应链金融领域带来了创新和高效的解决方案。

5. 区块链＋征信业务

利用区块链技术的去中心化特性，可以准确地记录并验证个人信息的真实性、有效性和唯一性，这种技术使得政府与金融机构能够合作构建一个既统一又持续升级完善的"大数据"征信平台。通过这个平台，农村经济实体能够扩展其征信范围，并显著降低相关成本。该平台允许对用户信息进行查询，若出现任何不良征信记录，这些信息将通过智能合约自动被记录进黑名单，且记录一旦形成将无法取消，确保征信信息的准确无误，有效地解决了农民在缺乏信用担保情况下的难题。

此外，金融机构可以利用区块链平台挑选部分信息进行共享，而将原始数据保留在内部链中。经用户授权的信息则被上传至公共链，以供平台上的其他机构查询和使用。这使得被动、低效的数据提供方式转变为主动、高效的数据共享方式，从而实现了各参与方的互利共赢。

（二）区块链技术在农村金融领域的应用展望

第一，为了更好地推广区块链技术在农村金融领域中的应用，中国人民银行与银保监会需加速推出相关的规范与法规，这将激励并引导农村金融机构深入研究并运用区块链技术以增强其服务效能。同时，省联社应借助其在资源整合方面的显著优势，进一步加大科研与应用推广的力度，这包括指导各省的农村商业银行及农村信用社系统地发展和推广区块链金融产品。此外，政府应致力于持续改进农村地区的金融基础设施，包括但不限于通信、网络、征信及法制等方面，这些措施为区块链技术的广泛应用提供了坚实的基础。为了进一步提高农村地区的金融科技知识普及率，相关部门还应增加对金融科技教育与培训的投入，普及基础的金融及科技知识。这样不仅能提高农民及基层金融从业者的金融素养，还能增加大众对金融科技的理解和认知，从而为区块链技术在农村金融业务的应用营造一个更加有利的外部环境。

第二，创新的区块链技术正在农村金融领域中展现出越来越多的应用潜力。在这一背景下，农村金融机构可以考虑成立专门的区块链应用研究小组，这个小组将负责制订详细的工作计划、设定明确的目标以及建立激励与约束机制。通过正式的项目立项，这些研究小组将专注于探索区块链技术在农村金融中的具体应用，深度分析当地农村金融服务的需求特点。他们将针对农村金融服务中的关键痛点，将区块链技术与农村金融的实际需求相结合，从而设计并创新研发针对性的区块链金融产品，推进"场景＋金融"的一体化深度融合。同时，地方政府可以出台税收优惠等激励政策，为区块链技术在农村金融领域的应用创造有利条件，这些政策将促进高科技公司与当地农村金融机构以及农业龙头企业之间的深度合作。依托科技公司在技术上的综合优势，以及农村金融机构与龙头企业在业务上的紧密联系，双方可以共同开展研究，解决区块链技术在农村特定金融场景中应用的具体难题。这种合作不仅可以推动区块链技术在农村金融场景中的创新应用，还可以大幅增加技术应用的广度和深度，进一步促进农村经济的现代化进程。

第三，加强区块链在农村金融中应用的安全保障。为了加强区块链技术在农村金融领域的安全应用，需要采取多方面的措施。首先，国家级相关部门应当加强政策的研究与制定，尽早推出专门针对区块链技术在农村金融应用的技术规范和监管措施。这一政策框架的建立，将为农村金融机构提供一个明确的指导，促使其建立一个与区块链技术应用相匹配的、有效的风险管理与防控体系。其次，地方级的金融监管机构，特别是各地金融监督管理局，应当与中央银行及证券、银行、保险监管部门的地方机构保持紧密的沟通与合作。通过建立信息互享、定期联席会议等联动机制，共同加强对农村金融应用区块链技术可能带来的问题和风险的监管与控制。在技术与监管都较为成熟的地区，可以考虑引入"监管沙盒"模式，这种模式能够促进监管机构与被监管实体之间的良性互动，有效降低未知因素引起的风险。同时，农村金融机构在积极探索区块链技术应用的过程中，应当进行全面的风险评估。基于评估结果，这些机构需要对其风险防控体系进行必要的调整和优化，以提升其风险管理能力。此外，加强对金融机构从业人员的培训、提高金融消费者的意识，以及优化地方金融环境，都将有助于实现区块链技术在农村金融领域的安全、高效应用。

二、农村保险

区块链技术与金融行业的结合日益紧密，这种融合为农业保险行业的扩展和创新带来了前所未有的新机遇。区块链技术的核心优势在于其具有去中心化、无须依赖信任的交易验证机制以及数据的不可篡改性。将这一技术应用于农业保险领域，能够有效地解决信息不对称问题，减少管理与运营成本，并显著提高整个行业的运营效率。因此，区块链技术不仅可以改进农业保险的传统业务，还可以推动该领域的技术革新和发展。

（一）区块链技术在农村保险领域的应用优势

区块链技术因其在多个领域具有高度适用性，特别是在"助力互助保险、重构信用体系、提高运营效率、提升客户满意度、减少欺诈索赔"等方面表现出显著的契合度。因此，在农村保险领域，区块链技术展示了多方面的应用优势。该技术主要在以下五个方面发挥其突出作用。

第一，区块链技术能够彻底改革传统的农业互助保险模式。在西方国家，农业互助保险已成为一种被普遍采用的保险形式，其核心运作机制是农户与农业经营主体通过事先缴纳一定的风险补偿分摊金，形成一个共同的风险补偿资金池。当任一成员提出索赔时，便从该资金池中赔付。在这一过程中，区块链技术的应用带来了新的发展机遇。区块链首先可以记录每个互助保险成员的信用信息、交易历史及赔付记录，这种记录的透明性确保了资金流动的清晰与可追溯；其次，区块链的去中心化特质有助于增强成员之间的信任，从而吸引更多的农户和农业经营主体加入互助保险体系；最后，通过运用智能合约，农业互助保险可以实现赔付的自动化，极大提高了理赔的效率和响应速度。这些优势使得区块链技术成为推动农村保险领域革新的重要工具。

　　第二，区块链技术提升农业保险信任体系。信用作为农业保险发展的核心基石，是支撑整个系统运作的重要元素。然而，在我国目前的情况下，农业生产和经营的主体缺乏一个完善的信用查询系统，这导致农业保险公司在获取必要的信用信息时需耗费大量成本和资源。在这种背景下，区块链技术的其去中心化特性，有效解决了信息不对称问题，提供了重构农业保险信用体系的新途径。依靠公开且透明的分布式存储机制，区块链技术可以确保农户与农业经营主体的信用状态、投保情况以及标的物的详细信息被安全地记录并上传至区块链系统。这种机制显著减少了保险公司与农业经营主体间的信息不对称问题。进一步地，保险公司和农业经营主体均能通过区块链信息系统，实时访问并查看所有相关的农业保险数据。这些数据的公开透明性及不可更改性，极大地增加了双方的信任度，从而为农业保险行业带来了积极的变革。

　　第三，区块链技术强化农业保险中智能合约的应用。传统上，农业保险机构主要依赖纸质合约进行业务操作，这种方式不仅使得成本居高不下，而且在运行效率方面也相对较低。然而，随着区块链技术的引入和智能合约的应用，这一局面得到了显著改善。那些基于区块链技术的智能合约，展现出了极大的潜力来优化和自动化农业保险的处理流程。在具体实施中，当农户和农业经营主体购买保险产品后，基于智能合约技术的系统能够自动将合同条款转化为计算机代码。这意味着，一旦发生了合同中规定的农业风险，相关的数据库便会捕捉到风险数据，从而触发智能合约的自动执行机制。这个过程不仅快速而且高效，使得农户及其他农业经营主体能够迅速获得必要的理赔。此外，农业保险与智能合约的结合提高了自动化能力，极大地优化了从承保到赔付的整个流程。通过减少人工介入，不仅缩短了查勘和赔付所需的时间，还大幅提升了整体的运行效率。这种技术革新不仅为农业保险行业带来了前所未有的便利，也为农业风险管理设定了新的标准。

第四，区块链技术在增强农业保险行业的数据安全性方面发挥了重要作用。由于具有数据不可篡改的核心特性，区块链能够有效地确保信息的安全性和完整性。具体而言，在完成农业保险的交易后，相关的交易数据经过网络中其他节点的确认后，便会被永久记录并加上时间戳。这种机制使得任何尝试单独修改数据的行为都显得无效，因为更改记录需要获得至少51%的网络节点的同意，这一过程的成本非常高，几乎不可能发生。此外，区块链的分布式存储结构为客户提供了一种全新的服务体验。当客户购买农业保险后，他们的交易信息将被网络中的所有节点存储，这意味着即使某些节点受到黑客攻击，客户的信息仍然可以通过其他未受影响的节点查询到。这种架构不仅保证了农业保险交易数据的高度安全性，也显著提高了客户的信任度和满意度。因此，区块链技术不仅仅实现了技术创新，更是提升客户服务质量和保障信息安全的有效工具。

第五，区块链技术具有独特的可追溯性特性，显著提高了农业保险防欺诈的能力。这一技术为农业保险带来了多样的创新应用，特别是在养殖业保险方面。传统上，养殖业保险面临"保险对象唯一性"的挑战，这增加了保险欺诈的可能性。利用区块链技术的可追溯性，结合生物识别技术如耳标和DNA鉴定，可以建立一个可靠的养殖业保险追溯系统，这种系统能有效解决以往养殖业保险在确定保险对象唯一性时遇到的问题。此外，保险公司能利用区块链技术中的公有链数据，识别那些历史上有过欺诈索赔行为的农户。这样，保险公司可以在事前进行风险评估，采取必要的预防措施，从而减少因欺诈行为带来的经济损失。通过这种方式，区块链不仅提高了农业保险的透明度，还增强了整个行业的安全性和可靠性，为农业保险业的可持续发展提供了强有力的支撑。

（二）区块链技术在农村保险领域的应用模式

（1）保险公司入链。在传统的农业保险领域中，涉及的多个信息主体之间常常因为缺乏有效的信息交流而形成数据孤岛，尤其是在保险公司与农业生产者之间，信息不对称现象尤为突出。这种背景下，区块链技术的应用显得尤为重要，它为解决这一问题提供了新的可能性。将保险公司的数据以及其他相关部门如气象局、市场监管机构和供应链公司的数据引入到同一区块链平台，实现了跨部门信息的互联互通。这种信息共享机制不仅增加了农业保险的透明度，也极大地提高了运行效率。

（2）农业经营主体投保。在区块链技术的支持下，农业生产者可通过互联网平台购买适合自己需求的保险产品。在此过程中，相关的信息会被自动汇集并存储在区块链数据库中，从而形成一个信息集合。农业生产者在支付保险费用后，保险公司将合同详情上传至区块链，并利用区块链技术将其转化为智能合约。这使得农业生产者可以随时在线查询自己的保险合同详情，并确保这些信息在全网的节点中得到验证和确认，保障了保单信息的真实性和透明度。

（3）风险保障阶段。在种植保险领域，借助先进的 3S 技术（即遥感技术、全球定位系统、地理信息系统），种植保险业务得以实现更为精确和智能化的管理。3S 技术的应用不仅提高了保险的承保精度，也优化了理赔流程。在养殖保险方面，应用 DNA 识别、虹膜扫描和耳标识别等生物识别技术，可以确保保险标的的唯一性和准确性，从而为养殖业主提供更可靠的保险服务，确保他们的经营利益得到保障。此外，区块链技术的集成，能够在整个农业生产链中为各个环节提供必要的风险保障，保护农业经营者的权益。

（4）定损理赔阶段。利用智能合约技术，将保险条款转化为具体的程序代码，一旦发生农业保险覆盖的风险，系统便能自动进行赔付，极大地简化了理赔流程。区块链技术在此阶段的应用，有效减少了传统理赔流程中的人工参与，不仅提高了赔付的速度和效率，还增加了农业投保者的满意度和信任度。自动化的理赔流程还有助于减少道德风险和欺诈行为，减少保险公司在理赔中的潜在损失，优化了保险业务的整体成本结构。

（三）区块链技术在农村保险领域的应用机制

1. 政府、行业协会、农业保险公司协同机制

（1）政府主导

为了推动区块链技术在农业保险领域的应用，政府需设立区块链技术研发领导小组，明确该技术未来的发展趋势、策略和具体目标。此外，政府应制订一套全面的农业保险与区块链技术整合发展的战略蓝图。政府还可以建立技术研究中心，并在各大高校与研究机构中设立区块链技术研究所，激励高等教育机构开设区块链相关课程，确保专业人才的培养与供应，从而加速技术的革新与应用。政府还应主导创建区块链技术产业发展基金，为参与试点的农业保险公司提供资金援助，打造"区块链+农业保险"的模范项目，促进其在全国范围内的广泛应用。

（2）行业协会要发挥好引导作用

行业协会在推广区块链技术在农业保险领域中的应用上扮演着至关重要的角色。协会应当加强与农业保险企业之间的交流合作，分享经验，增加业务互动，并且积极参与制定行业应用标准和提出监管建议，这些活动有助于推动区块链技术革新传统的农业保险管理和服务。同时，行业协会还应构建行业内的联盟链，以消除各农业保险机构间的信息壁垒，营造一个支持区块链技术应用的优良业务环境。

（3）农业保险企业应积极参与行业建设

农业保险公司应根据政府和行业协会制订的发展框架，设计自己的智能化保险服务发展道路和策略，并探索创新的业务模式。这不仅涉及技术的运用，还包括对业务流程的重新设计，以提高效率和透明度。农业保险企业也应当积极加入由行业协会领导的农业保险联盟链，通过在联盟链中共享非敏感信息，共同构建和完善一个开放、透明的农业保险数据平台。

2. 区块链技术融合发展的奖惩机制

（1）奖励方面

地方及中央政府应考虑为在区块链技术研究与开发领域取得关键性突破的公司，特别是那些在农业保险领域内积极探索并实现区块链技术应用的企业，提供税务减免、项目资助及创新成果的奖励。这样的措施不仅可以促进区块链技术在农业保险业务中的更广泛应用，还能激发整个行业的技术创新活力。此外，政府可以设立专门的区块链技术发展基金，为那些将此技术有效整合进其业务流程的主导保险机构提供财政支持。

（2）惩罚方面

在推动区块链技术应用的同时，政府必须对其应用中可能出现的安全问题保持高度警觉。应当建立一套灵活的问责与处罚体系，针对那些违规操作且导致负面影响的个体或企业，依法予以严格的处罚。通过这种方式，可以确保区块链技术在提高效率和透明度的同时，不会威胁到整个系统的稳定性和安全性。

3. 区块链技术融合发展的约束监督机制

（1）为了促进区块链技术在农业保险领域的合理应用，并确保技术运用的安全性与合规性，迫切需要完善相关的监督法规。具体来说，应当制订详细的农业保险中区块链技术的应用条件、市场准入规则、访问权限设定及数据交换标准。此外，明确区块链技术在农业保险中应用的具体范围和限制，以防止其被用于非法活动，确保技术的有效整合，推动农业保险行业的创新发展。

（2）针对区块链技术的监管，需要构建一个更为全面和具有前瞻性的监管体系及预警机制。通过实施动态监管和数字化监管手段，转变监管方式，从准入监管向行为监管过渡。这种转变不仅能增强监管的实时性和有效性，还能更好地适应区块链技术快速发展的特点。

（3）建立一个涵盖监管机构、行业协会及农业保险公司等多方参与的监督平台是控制风险、维护行业秩序的重要措施。采取共建、共商、共治的合作模式，各方可以共同参与到风险防控中来，有效维护农业保险市场的稳定和健康发展。这种多方合作的平台不仅能促进信息共享，还能增强各参与方之间的信任与合作。

4. 区块链技术融合发展的包容性管理机制

为了有效应对区块链技术的快速发展，并保障其在多个行业中的健康发展，建议采取以下措施。

（1）制定一套具有包容性的区块链技术管理机制。这一机制应在确保消费者权益及金融系统稳定的基础上，根据区块链技术发展的实际情况，对该技术进行灵活的监管调整。监管机构应对技术进步持开放态度，为具有潜力的区块链创新提供必要的试验空间，从而促进该技术的成熟和应用的扩展。

（2）监管部门需密切关注区块链技术在不同领域，特别是在农村保险领域的应用进展，及时调整监管策略。适当的监管不仅能防止监管真空或过度干预，还能为区块链技术的健康发展创造一个有利的环境。通过这种方式，可以确保技术创新能够在不影响市场稳定的前提下，为农村地区带来更多的保险服务创新。

通过这些策略，我们可以更好地引导区块链技术的发展，确保它在促进经济发展和技术创新中发挥最大的效益，同时也保护好消费者的利益和金融市场的稳定。

（四）区块链技术在农村保险领域的应用展望

区块链技术在我国农村保险领域的应用已经取得显著成效，但其发展之路仍充满挑战。展望未来，我们必须认真分析并解决在推广区块链技术过程中所遇到的各种问题。

1. 政府层面

首先，为了进一步规范并推动区块链技术的健康发展，我国需制定更加完善的区块链立法和行业准则。此外，应参考全球行业标准，构建符合我国实际的区块链行业规范，为区块链技术在国内的广泛应用与发展提供坚实的基础。特别是在保险行业，建议政府与农业部合作，明确区块链技术在农业保险领域的应用方向、具体实施步骤及相关规章制度。

其次，建立一个高效的监管机制，提高监管的有效性。国内应尽快把区块链技术纳入现有的信息监管体系，初步规范这一新兴技术的发展。随着区块链技术应用的不断扩展和深入，建议成立一个专门的区块链技术监管机构，将其纳入合适的监管框架进行全面监管。在区块链技术的未来发展中，监管手段需与技术进步保持同步，利用区块链的独特技术特性实现创新监管，在不同发展阶段调整监管重点，以提升监管效能和服务质量。

最后，加强政府财政支持，特别是对大型保险公司的扶持。在农村保险领域应用区块链技术，政府应增加对农业保险的财政援助，包括设立农业保险专项资金等，支持保险企业开发结合区块链的新型农业保险模式，加速区块链技术在这一领域的推广与应用。同时，政府应重点扶持领先的农业保险公司，建立区块链技术研发专项基金，支持这些企业在区块链技术应用上的先行探索，创建成功的示范项目，并将积累的经验推广到全国。

2. 保险企业层面

首先，保险行业应增加对区块链技术的研发资金和人力资源的投入，以保障技术更新和人才优势。具体而言，保险公司不仅需要加大财务和资源投入，紧密跟进区块链技术的全球发展趋势，同时也应通过内部创新实现技术的突破。此外，通过选拔技术基础较好的员工，进行针对性的区块链技术培训，提升他们的技术实施和应用能力显得尤为重要。保险公司还应与大学和科研机构合作，共同实行人才培养计划，根据保险行业的具体需求定制专业人才培训课程，以此加强人才储备和提高技术能力。

其次，保险公司需要重视区块链技术在具体业务场景中的应用，特别是与农业保险的深度融合。鉴于我国地大物博，农业生产方式和保险需求有所不同，农业保险的差异化明显。在区块链技术的早期应用阶段，应优先在主要的农业生产区域开展技术试点和前期研究。通过逐步总结和推广成功的应用模式，可以逐步扩大区块链技术在全国农业保险领域的影响力。同时，农业保险公司应积极通过区块链技术创新保险产品，提高农业保险的普及率和覆盖率。

最后，加强区块链技术在农业保险领域的专利保护和行业合作至关重要。作为新型业务模式，区块链技术的应用应受到严格的知识产权保护。保险公司在研发初期应该注重专利申请和权利保护，避免技术成果被非法侵权。同时，行业内的保险公司应该建立专利技术共享机制，通过成立联盟共享彼此的技术成果和专利，促进行业内合作和技术标准的制订。在适当的时机，农业保险行业应该制定统一的技术标准和行业规范，确立区块链技术的行业标杆，为保险公司在应用区块链技术创新产品时提供实验和示范的平台。

三、农业区块链的其他应用

（一）产品上链

农业区块链平台基于区块链技术、5G技术、农业电商、农技服务、农业检验检测服务，建设农业链公共服务平台，围绕各地农业产业体系构建区域性优势农产品（超级）算力中心，赋能现代农业园区农产品的高质量发展，打造和运营高品质农产品，引领乡村振兴和农业品牌打造。

区块链技术、5G技术、农业电商、农技服务、农业检验检测服务围绕区域"优势产品""品牌产品""骨干产品""保护产品"，以区域产品标准上链为基准，以电商、农技、农业检验检测服务为支撑，以产品数据上链为中心，实现生产商、政府主管部门、服务商、销售商及终端消费者之间基于农业区块链平台的多方可信数据协同，保障区域产品品牌升级与营销拓展。

（二）农业物联网

农业物联网是现代农业的重要支撑技术。农业物联网与农业区块链平台的结合将发挥更大的价值，并孵化出丰富多彩的各类去中心化应用。农业区块链平台支持农业物联网有如下应用创新。

第一，农业设备设施的智能控制。基于物联网与农业设备设施的连接，通过在农业区块链上所发布的与农业设备设施相对应的智能合约，实现对农业设备设施的分布式去中心化控制。

第二，农业设备设施的共享使用。通过扫码农业物联网设备，并向控制农业设备设施的智能合约发送合约，调用消息及支付相关费用，可以实现农业设备设施所有权、使用权的高效流转和共享。

第三，农业采集数据的真实储存。为各类对真实性、可靠性要求极高的农业物联网采集数据的需求者提供可靠、防篡改的功能，基于智能合约的哈希指纹存储、验证、统计和分析利用，提高数据的可信度。

农业区块链平台与农业物联网的结合，既是一种应用，也将为众筹电商、农业资产数字化、农村金融等应用提供基础技术支撑。

（三）农业补贴

在产业经济结构中，农业属于关系国计民生根基的基础性产业，但近年来由于产业竞争的全球化和农业本身的固有特点，农业在中国属于扶持性和补助性行业，对农村、农业、农民转移支付和补贴是当前的一项重要制度安排。农业补贴当前存在的问题主要是发放中间环节太多，采集数据的准确性、真实性难以保证，补助资金的精准发放难以保证。农业区块链平台通过如下三方面的技术措施来支持农业补贴的高效、便捷和精准发放。

第一，农业数据的精准采集、可靠存储。基于区块链对数据的防篡改特征，确保农业补贴所依据的基础数据准确可靠，并防止其中的数据出现作假作弊。

第二，去中介补助资金精准发放。在开放互联的农业链网络中，接受补贴的农民或机构均可便捷地获得一个农业链账号，国家主管机构根据所采集的补贴数据，通过国家政策分析计算，直接将补贴资金发放到被补贴人手中，去除大量的中间、中介环节，有效提升补贴发放的效率和防止其间可能出现的各种腐败。目前，联合国粮农组织通过以太坊区块链向中东地区难民发放救济款已经证明该方法的可行、可靠和高效。

第三，补贴数据的全程透明、可追溯。基于农业链可做到补贴采集数据、补贴发放数据、发放规则的全程透明、可追、可监管、可追责，将极大地杜绝其中可能存在的行政风险和廉政风险，有效提升主管部门的行政效率和行政能力。

通过与农业主管部门现有相关系统和平台有效对接，可在农业区块链平台上快捷、方便、灵活、高效地部署，实施相关农业补贴方案。

第五章　区块链技术在
教育行业中的应用

区块链技术作为比特币的底层技术，不仅在金融等领域日益得到广泛应用，在教育领域同样具有较大的应用潜力，有望在互联网＋教育生态的构建上发挥重要作用，推动教育体系变革。本章主要介绍了区块链技术在教育中的应用模式与启示、区块链技术推动教育创新发展的路径、区块链技术下数字化教育资源管理系统分析。

第一节　区块链技术在教育中的应用模式与启示

在教育行业中，区块链技术的应用展现出六种主要的模式：建立个体学信大数据、打造智能化教育淘宝平台、开发学位证书系统、构建开放教育资源新生态、实现网络学习社区"自组织"运行及开发去中心化教育系统。这些创新模式旨在提高教育资源的透明度和可访问性，同时也助力于教育质量的全面提升。然而，教育领域的特殊性和复杂性使得区块链技术的推广和应用面临不少挑战。这些挑战包括教育技术的推广难、教育数据的所有权不明确、数据存储空间受限制，以及区块链技术可能引发安全风险等。

另一方面，区块链技术正在金融领域引发革命性的变革，并创造了新的商业机会。深入探讨区块链在金融服务中的多种应用模式后，可以看到它在促进金融创新和发展方面的重大价值，主要体现在消除中间交易环节以降低交易成本、实现交易的实时结算以提升交易效率和资产使用效率、利用分布式技术存储交易数据确保数据安全和不可篡改性，以及运用智能合约自动化交易流程等方面。区块链在金融领域的实际应用案例和模式为其在教育领域的实施提供了有价值的参考和启示。这种跨领域的技术应用展示了区块链技术的广泛潜力和对传统行业模式的挑战能力。

一、区块链技术在教育领域的应用模式

区块链技术具有数据透明性和不可篡改性，被应用于教育行业的多个关键领域。例如，在学生信用管理、学历与资格认证，以及校企合作等方面，区块链可以提供一个可靠且有效的解决方案。通过确保数据的准确性和完整性，这种技术支持教育和就业领域的健康发展，为教育行业带来革命性的变革。目前，国内外对于区块链在教育领域的应用还处于初步阶段，只有少数教育机构开始尝试和探索。随着"互联网＋教育"的兴起，全球教育行业迎来深刻的发展与变革。这一趋势致力于利用互联网的思维、技术和商业模式，对传统的教育体系进行全面改革，以实现结构性的转变。在这一大背景下，区块链技术将在构建新型的"互联网＋教育"生态系统中扮演关键角色。区块链技术的应用不仅推动了教育技术的进步，也为教育体系的长远发展提供了新的动力和方向。综上所述，区块链技术的引入预示着教育体系改革的新篇章，其将有效加速教育行业的进化与成熟，使其更加适应现代社会的需求。

（一）建立个体学信大数据

区块链技术在现代教育行业中的应用逐渐显示出其独特的优势，作为一种先进的分布式账本技术，区块链能够为学习记录提供一个去中心化的存储解决方案。教育机构及学习组织可以利用此技术跨不同系统及平台记录并永久性地存储学习过程和成果，这些数据被安全地保存在云端服务器中，构建起一个全面的学术信用数据库。这不仅有助于填补教育领域中目前存在的信用体系漏洞，还能解决教育与就业间的脱节问题。利用区块链技术记录学术

数据后，用人单位在招聘过程中可以通过法定途径有效获取潜在员工的学习证据，这有助于企业更精确地评估应聘者与岗位的匹配程度。此外，高等教育机构可以依托这些详尽的学术信用数据进行人才培养质量的综合评估，包括专业水平的评定。这样的评估支持高校与企业在人才培养方面建立更紧密、更精确的合作关系，确保学生的技能培养符合市场需求，从而有效推动社会和经济的持续发展。

未来教育发展研究中心（FEDI）与美国高校招生评估协会（USCAE）联合推出了一项创新的"学习即赚钱计划"，其核心理念来源于 EduBlocks 技术。这种技术的运作方式类似于现今用于记录学生学习成果的"学分"系统，EduBlocks 不仅能够记录学生的学术学习活动，还能记录包括培训研讨、学校竞赛、科研展示、实习体验及社区服务等在内的各类非正式学习活动。这些 EduBlocks 汇聚成一本分布式的记录册，也被称为电子学习档案袋，使学生能够在全球任何地点、任何时间验证其学习成果。学术指导专家将辅助学生在其电子档案库中积累最多的"收入"，当学生毕业时，其个人电子档案库包含其在整个学习过程中"赚取"的各类技能与知识，这些记录将成为学生求职时提供给潜在雇主的重要简历，也是企业选拔人才时的关键参考资料。

利用先进的区块链基础架构，此系统将促进学术成就的记录，区块链技术提供了一个去中心化且极其安全的方法来加密和传输学生的数据。特别是在统计和测量学生学业成就方面，依托于区块链技术，可以构建一个全新的、安全的基础设施。这不仅使学业数据能在网上安全共享，还能被永久地存储在云服务器上，随时可供查询和使用。该技术开辟了学业评估和记录的新途径，为构建未来教育的新平台奠定了基础。此外，该平台还支持学生转移他们的学业信息，使他们能将个人成绩单直接发送给理想公司的招聘负责人，从而为求职面试和企业招聘提供了极具说服力的证据。

（二）打造智能化教育淘宝平台

区块链技术通过嵌入智能合约，能够有效实现教育协议的签订和证据的存储，从而打造一个自动化的虚拟经济教育交易平台。在这一平台中，服务的购置、应用和支付过程都是自动化的，无须人工干预。此外，所有的购买记录都是不可篡改和可靠的，确保了交易的真实性和有效性。平台上的交易和合约信息均被永久记录，保障了数据的长期安全。当消费者在平台上发布购买请求时，系统将自动根据智能合约预设的规则，将相应的学习材料发送给消费者。这些材料的配送信息也由智能合约进行跟踪，确保了物流的透明和高效。一旦消费者确认接收到材料，系统将自动执行支付操作，消费者无须进行手动支付。此外，该交易平台还提供了丰富的在线教育服务，如工具下载、学业辅导等，以满足不同学习者的需求。平台提供了一对一的知识点详解微课、难题解析等多种服务，学习者可以根据个性化需求进行选择和使用，实现了资源和服务的个性化消费。这种智能化的教育交易系统不仅提高了教育资源的利用效率，还为学习者提供了一个便捷、高效的学习环境。

基于区块链的先进教育平台如智慧学习市场等，与传统的电子商务平台如淘宝等相比，具有显著的竞争优势。

首先，区块链技术的核心在于其具有智能合约功能，其程序被记录在区块链上，并具备高度的公开性、透明度及不可篡改性。该技术的应用确保了交易数据的准确无误，有效预防了欺诈行为，增强了平台的信用可靠性。

其次，通过智能合约，区块链不仅可以管理和转移数字资产，如虚拟货币和电子学习材料，而且还能实时追踪并永久记录用户的购买和交易信息。这一特性不仅保障了消费者和供应商的利益，而且提供了强有力的技术支持和事务证据，以维护市场交易的公正性和透明性。

第三，区块链平台上的智能合约自动执行，无须人工干预，这样不仅大大提高了交易处理的效率，满足了用户即时获取信息和服务的需求，也保障了平台的稳定性和可靠性，避免出现传统交易平台可能会有的系统性故障。

最后，区块链技术支持的智能交易，允许学习者与教育机构、教师之间进行直接的点对点交易，无须依赖于第三方支付系统如支付宝等。这种模式不仅减少了中间平台的运营成本，也为用户提供了高质量的在线教育服务，确保了学习内容和教学质量的标准化。

（三）开发学位证书系统

在美国麻省理工学院的数字创新实验室中，研究人员运用区块链技术开发了一个学习证书平台。该平台的核心工作机制涵盖了以下几个关键步骤：首先，利用区块链和高级加密技术建立一套认证基础架构，用于管理完整的成就和成绩记录，创建一个包含诸如接收者姓名、发行机构名称、发行日期等基本信息的数字化证书文件；其次，通过私钥进行加密并对证书文件进行签名；再次，生成一个哈希值，用于校验证书内容是否遭到篡改；最后，利用私钥在区块链上创建一项记录，证明该证书在特定时间被授予特定个体。尽管这一系统可以一键完成上述所有操作，但由于区块链技术的透明性特征引发了隐私问题，因此该系统仍在持续优化中。

霍伯顿技术学院是一家专注于软件工程师培训的学校，自 2017 年起便开始在区块链上记录并共享其学历证书信息，成为全球首个采用此技术的学校。这种做法得到了众多招聘公司的好评。通过利用区块链的去中心化、可验证和防篡改的特性，学历证书被安全地存储在区块链数据库中，不仅确保了学历和文凭的真实性，还大幅提高了学历验证的效率、安全性和简便性。此外，这种方法还节省了人工颁发证书和审核学历资料的时间与人力成本，减轻了学校在建设和运维数据库方面的经济负担。因此，这被视为解决学历造假问题的理想方案。

不仅如此，在全球范围内，越来越多的国家开始采取行动应对学历造假的问题，以减少其对教育体系和社会经济的负面影响。例如，肯尼亚政府已经开始采取措施来严厉打击学历造假的违法行为。具体来说，肯尼亚政府正在与国际科技公司 IBM 展开合作，共同开发一个基于区块链技术的教育认证平台。这个平台的目标是为学校和培训机构提供一个网络，通过这个网络，他们可以在区块链上发布和管理学历证书。区块链技术的应用将极大提高学历证书的透明度，并有效地实现证书的安全发布、传递与验证，从而保障证书的真实性和有效性。这样的措施不仅可以防止学历造假，还能提升整个教育系统的信任度和公信力。

（四）构建开放教育资源新生态

近年来，开放教育资源（Open Educational Resources，OER）的发展迅速，为全球的教育工作者和学习者提供了众多无偿且开放的教育资料。这些资源不仅促进了知识的普及和教育的平等，也带来了一系列挑战，包括版权保护不足、维护成本高昂、资源共享困难及资源质量参差不齐等问题。在这种背景下，如何建立一个安全、高效且可靠的开放教育资源生态系统成为国际教育领域关注的焦点。区块链技术作为一种潜在的解决问题的工具，被认为可以推动 OER 的进一步发展。

第一，区块链技术在加强版权保护方面具有独特优势。利用基于非对称加密的区块链技术，可以更安全、可靠地保护教育资源的版权信息。由于区块链具有透明性特点，所有资源的创作和版权信息，包括创作者、创建时间及资源类别等，都可以被公开记录并允许教育社区的成员进行查询、跟踪和获取。这种做法有助于从根本上解决版权归属和侵权问题，确保创作者的权益得到有效维护。

第二，区块链技术能够显著减少 OER 的运营成本。利用区块链的去中心化特性，OER 项目可以省去大量的中间环节。教育资源的分享和交流可以通过点对点的方式直接进行，极大地减少了依赖中介平台的研发与管理费用。这种新型的运营模式不仅优化了资源的分配和使用效率，也使得 OER 项目更加经济高效。

第三，运用区块链技术推动教育资源的分布式共享。利用区块链独特的分布式账本功能，教学资源可以被存储在网络上的不同节点中。这种点对点的传输方式不仅提高了资源共享的速度和效率，还避免了出现资源孤岛的问题。所有的节点都会使用一个共识达成的协议来共享各类教学材料和软件工具。展望未来，我们可以参考金融行业的跨境支付系统，创建一个全球用户都可参与的点对点资源共享和实时交易网络，从而建立一个全球范围内无缝连接的巨大信息资源开放共享平台。

第四，利用区块链技术来提升教育资源的质量。这一过程涉及多个具体步骤：首先，资源制作者将相关教育材料上传至云端平台；其次，采用非对称加密技术，使用公钥和私钥对资源进行加密处理，并将加密信息存储于区块链中；最后，这些携带教育资源的区块会被传播至整个网络，并等待网络节点的验证；当超过 51% 的网络节点达成共识时，这些资源便得到认证，区块随之被加上时间戳并以 P2P 方式在网络中流通。在这一资源认证过程中，包括认证、流转、共享等环节都由区块链的智能合约自动处理，确保整个过程的公开透明和数据的不可篡改。所有参与节点的用户共同对新上传的资源的实用性进行验证。这种基于区块链技术的开放教育资源（OER）网络认证机制，能够有效防止重复内容、无效信息及低质量资源的流入，显著提升了资源的质量和流通效率。

（五）实现网络学习社区的"自组织"运行

区块链与虚拟社区的融合正逐渐成为教育技术领域中一个极具潜力的创新方向。利用区块链技术，可以有效优化和改革在线学习社区的整体生态，促进社区的自治运作。该技术的应用主要体现在三个核心领域。

首先，创建基于区块链的虚拟货币机制，提升社区成员的参与活跃度，并构建知识共享的循环系统。社区成员可以通过发布帖子、提出问题或回答他人的问题来自动获得虚拟货币，这些虚拟货币随后可以用来兑换社区提供的学习资源和其他服务。这种机制不仅提高了社区的互动性，还通过虚拟货币这一激励手段来衡量和促进成员对社区贡献的重视，从而推动了集体智慧的产生和知识的流动。

其次，区块链的不可篡改性质能够保护社区成员的知识产权，防止创意和知识成果被侵犯。通过自动跟踪和记录社区成员发布的内容，区块链技术确保原创观点的安全，并有助于促进社区成员的创新和独立思考。此外，利用分布式账本的特性，社区内发布的各种观点被存储并构建成一个互联的知识网络图表，这个图表随着时间的推移而不断扩展，促进了知识的深化和智慧的累积。

最后，通过智能合约来维护网络社区的运作，实现自动化的内容管理和监控。区块链技术可以自动实行内容审核，过滤和删除虚假或误导性信息，从而净化在线学习环境。同时，根据成员的活动记录和贡献，实现对其信誉度的量化和认证。高信誉度的成员将享受更多的社区特权，如多次下载资源和不限次数的发言，这些特权旨在鼓励正面和建设性的交流，从而营造一个健康、积极的学习氛围。

区块链技术不仅有助于促进社区自治的有效管理，还在增强社区教育的适应性和个性化方面展现出巨大潜力。在国内，一些教育机构已经开始利用这项技术来打造符合个体学习需求的教育模式。例如，数字学习社区——智慧豆学堂，就是利用区块链技术构建的一个项目导向型的学习平台，旨在为每位学生提供量身定做的学习方案。在智慧豆学堂的教育活动开始之前，教师会与学生进行深入交流，通过对话来绘制出详尽的学习者档案。教师会询问学生数学、语言艺术等学科的知识水平，以及他们的性格特点、学习偏好、优势与不足等，从而全面了解每位学生的个性化需求。基于这些档案信息，智慧豆学堂能够为每位学生制定一年的学习目标，并将这些目标分解为每周更新的学习任务清单。学生可以根据自己的兴趣和学习进度，每天从这个清单中选择不同的项目进行学习，这种方式极大地促进了学生的个性化成长和自我驱动。这种创新的学习方式不仅满足了学生的个性化需求，也为教育实践带来了新的可能性。

（六）开发去中心化教育系统

当前的教育体制高度集中和统一，主要表现在教育架构的中心化上。这种教育架构由两部分组成：教育实施和管理机构以及教育规范。教育实施和管理机构是体制的实体，包含负责教学和行政管理的各级机构；而教育规范

178

则是维持教育系统正常运作的规则和制度。目前，主流教育体制以传统教育为核心，由官方机构或教育院校提供教育服务并负责认证。一个人在某专业领域的熟练程度，通常需要通过官方认可的大学或学院发放的学位或证书来证明。这种模式加强了教育管理的集中，使得学校和政府机构对教育资源有了绝对的控制权。

运用区块链技术，可以构建一个去中心化的教育系统，从而突破传统教育体制的束缚，实现教育资源的开放和共享。这种教育系统促进了全民参与和共同发展，构建了一个协同合作的教育网络。在这个系统中，不仅是官方批准的学校和培训机构有资格提供教育服务，其他组织甚至个人也可以成为教育服务的提供者。借助区块链的特点，如开源性、透明性及数据不可篡改性，可以确保教育过程及其成果的真实性和可靠性。例如，企业、社区和其他非传统教育组织也能提供认证教育服务，其颁发的证书具有与传统大学同等的流通性和认证力度，有效地证明学生掌握了特定的知识和技能。此外，教育机构间的界限将变得模糊，学习者可以自由选择学习地点，无论是在学习中心还是培训机构学习，都能获得等同效力的认证证书。通过累积这些课程证书和学分，学生可以申请获得国内外教育组织认可的正式学历和学位。

二、区块链技术在教育领域的应用启示

第一，为了加强知识产权保护并构建一个稳固的教育信任框架，实现区块链技术在多个领域中的应用显得尤为关键。特别是在数字货币领域，其独有的可追溯性特征不仅能够减少银行系统在进行反洗钱、反欺诈等合规性验证和审计时的经济成本，而且能有效遏制逃税、洗钱等非法行为的发生。在教育行业中，区块链技术的可追溯性可以被用来保护教育资源和智力成果的版权，从而从根本上解决知识产权争议。此外，通过在区块链上存储数字货币，可以获得更高的安全性和可靠性。在教育领域，学生的成绩、个人档案及学历证书等关键信息可以被安全地存储在区块链上，这不仅可以防止数据丢失或被恶意篡改，还能构建一个安全、可信且不可篡改的学生信用记录系

统。这样的系统能够大大助力解决当前学生信用缺失和全球范围内学历伪造的问题。总的来说，通过加强区块链技术的应用，不仅可以提升教育质量和管理效率，还能在全球范围内推广一个更加公正和透明的教育信用体系。这将为国际教育合作提供更坚实的基础，同时也保护了知识产权，确保创作者和教育者的劳动成果得到合理的利用和尊重。

第二，为了优化教育行业的业务流程，我们致力于创建一个高效且成本低廉的教育资源交易平台。区块链技术以其独特的去中心化特性，为教育领域带来了创新的解决方案，特别是在跨境支付和资源共享方面展示出巨大潜力。在跨境支付的应用中，区块链技术摒弃了传统的中转银行角色，通过点对点的直接交易方式，不仅加快了交易速度，还大幅减少了交易成本。这一改变使得购买教育资源更为便捷和经济，特别是对于那些需要频繁进行国际交易的教育机构而言。在教育资源共享领域，利用分布式账本技术，区块链能够直接连接用户和教育资源。这种技术不仅简化了操作流程，还提升了资源共享的效率，可以促进教育资源的开放共享，有效地解决了资源孤岛的问题，使得优质教育资源能够被更广泛地利用。在教育资源交易过程中，区块链的去中心化特性可以剔除传统交易中介。这意味着教育机构和资源提供者可以直接进行点对点的交易，极大地减少了因中介服务产生的额外费用，并简化了交易流程，打造一个既高效又经济的教育资源交易环境，进一步推动教育行业的现代化和国际化发展。

第三，区块链技术的应用正在逐渐拓展到各个行业，包括教育和供应链金融。在供应链金融领域，区块链技术通过剔除传统中介机构，能够显著减少人为干预，减少操作成本和风险。具体来说，信用证、提货单号及国际贸易相关的文档可以存储在公共区块链上。通过这种方式，所有的交易都能得到公链的验证，保证了数据的真实性和不可篡改性，从而建立了一套完全透明的交易规则，实现了验证过程的去中心化。在教育领域，区块链技术同样具有潜力。通过构建去中心化的教育系统，可以改革由学校或政府机构主导的教育服务模式。这种去中心化的教育系统使得任何具备教育资质的机构都能提供教育服务并颁发有效的学历证书。这不仅包括传统的正规教育机构，还包括非正规教育机构，促进了正规教育与非正规教育的有效融合。通过这种方式，更多的教育资源能够被利用起来，推动了教育公平，使得更多人能够参与到持续不断改进的教育体系中。总的来说，区块链在教育领域的应用不仅能够增加教育资源的可获取性，还能推动整个教育体系向更加开放和包容的方向发展。

第四，分布式技术在多个领域展现出其独特的优势，特别是在教育和金融行业。在金融领域，利用区块链技术，证券交易市场已经变得更加公开和透明。该技术的应用减少了对传统中介机构的依赖，转而采用去中心化的网络交易方式。这不仅提高了交易的效率，而且还强化了市场的公平性和绿色环保性。同样的技术也被广泛应用于教育行业，特别是在处理学生的个人信息、学习成绩和成长历程记录等敏感数据时，通过分布式存储技术，这些信息能够在确保数据真实性和安全性的前提下，被有效地管理和共享。教育机构可以将这些信息提供给其他学校或招聘单位，从而方便学生开展求职活动。例如，学生可以利用分布式账本技术，向潜在雇主展示其学业成绩和专业技能。此外，这种技术的应用还促进了学校与企业之间的沟通和合作。通过建立一个新的校企合作模式，分布式存储可以作为搭建学生与企业交流的桥梁。这不仅加强了双方的互动，还提高了学生就业的效率。通过这样的技术应用，学生和用人单位可以实现更高效的对接，从而优化人才的匹配和资源的分配。

第五，发展教育技术的智能合约，建立更高效的网络资源及平台管理新模型。区块链技术中的智能合约，可以自动化处理目前在金融交易中需要大量手动或半自动的验证和管理任务，从而提高交易系统的智能化水平。在开放教育资源的开发与应用中，智能合约的透明性和自动执行的特点使得教育资源的上传、认证、交换和共享等活动能够自动进行，这不仅减少了资源共享的成本，同时也提升了效率，推动了网络教育资源流通新模式的发展。此外，智能合约的引入还有助于创建一个高效且智能的在线学习社区，使得学习社区能够实现自组织的运作。它还能实时监控社区的生态环境，自动过滤和删除不恰当的内容，以维护一个积极健康的社区环境。

第二节　区块链技术推动教育创新发展的路径

从目前的实际情况来看，运用区块链技术可以在高等教育领域完成以下应用。

一、推动技术创新，夯实创新发展基础

在当今快速发展的社会中，创新是进步的基石。特别是在高等教育领域，技术创新的力量是不可或缺的。区块链技术，作为一种前沿技术，已在金融、能源、医疗等多个领域显示出巨大潜力，证明了其具有推动行业发展的能力。因此，对这项技术的深入研究和开发，尤其是促进其在高等教育的应用变得尤为重要。从全球范围内的应用情况来看，区块链技术不仅能够提高数据处理的透明性和安全性，还能有效优化资源配置和管理流程。为了在全球教育技术革新中保持领先地位，我国高等教育系统应该迅速行动，通过政府和私营部门的合作，注入专项资金，建立以区块链为核心的研发团队。具体来说，我们需要建立一批以区块链技术为研究重点的高等教育研究中心。这些中心不仅要聚焦于基础研究，还应与实际应用相结合，推动技术从理论到实践的转化。同时，高校应与企业建立更紧密的合作伙伴关系，共同开发适用于教育行业的区块链解决方案。此外，为了全面提升区块链技术在教育领域的应用效率和影响力，应积极整合和利用社会各界资源，包括与已在区块链技术应用上取得显著成效的行业进行资源共享、构建信息共享平台，以及打通技术成果转化的有效渠道等。

二、优化发展环境，注重专业人才培养

我们正身处教育信息化的快速进步时代，其中智力资本的重要性超越了

历史上的任何时期。为了更有效地将区块链技术整合进高等教育的信息化进程中，首要任务是改善发展环境并专注于培养相关专业的人才。在这方面，地方和国家层级的政府部门应当详细评估当前形势，并积极探索利用大数据和区块链技术的方法。政府应根据各地区高等教育信息化的具体需求和人才培养策略，增强专业人才的培训和开发，从而在区块链领域取得人才资源的领先优势。同时，为了确保学生能够在就业市场上具备竞争力，应该鼓励高等院校与企业、科研机构建立更紧密的合作关系。这种合作可以通过开设更多的数据分析、数据挖掘和数据统计等实用课程来实现，旨在为学生提供必要的专业知识和技能。这样的课程设置，不仅能够帮助学生掌握先进的技术知识，还能使他们的具体职业技能得到针对性的提升，为将来的职业生涯发展做好充分的准备。这种教育模式的转变是对传统教育方法的一种重要补充，能够有效地促进学生的全面发展。

三、完善鼓励政策，加大财政扶持力度

区块链技术在高等教育领域的应用，是推动教育质量提升和增强竞争力的关键因素。鉴于此，政府部门需制定激励措施和加强财政支持，应借鉴国际上在此技术应用方面的成功经验，为适应本国实际需求，制定专门的扶持政策。这些政策可以包括支持教育创新平台（"双创"平台）的建设、关键技术突破、方案研发及服务平台的构建等。此外，政府还应促进高校与企业的深度合作，设立专项投资基金，以推动对关键技术的研究与广泛应用。目前，尽管金融、能源和医疗等领域已广泛应用区块链技术，但教育领域对区块链技术的应用却尚处于初级阶段，缺乏成熟的系统支持、案例教学和参考文献。因此，根据当前的应用现状，开展创新路径的研究显得尤为重要。然而，教育领域的特殊性质意味着在实施区块链技术时可能会遇到多种挑战，如数据存储空间的需求、数据所有权的界定以及推广的复杂性等。应对这些挑战，需要政策制定者和技术开发者共同努力，寻找有效的解决方案，确保技术应用的成功和教育质量的持续提升。

第三节　区块链技术下数字化教育
资源管理系统分析

一、数字化教育资源管理系统目标与原则

（一）数字化教育资源管理系统目标

首先，建议开发一个基于区块链技术的数据管理平台，该平台能够记录并存储用户的操作日志及资源信息。在数据的传输和存储阶段，采用先进的非对称加密算法对信息进行保护，确保其安全性。所有的数据记录将被存储在区块链的结构中，这种结构不仅可以保证数据的完整性和可追溯性，还可以有效防止数据被篡改。

其次，数字化教育资源管理系统可以使系统内的数据能在不同用户间实时进行更新和共享。利用分布式账本技术，用户的每一次资源操作都会在系统中被同步更新，从而实现信息的即时共享。

最后，该系统实现了数字化教育资源管理的全流程自主化。与传统的数据管理系统依赖人工提交和审核的方式不同，这一基于区块链的新型系统支持数据的自动提交、共识形成及上链过程。通过设计有效的共识机制，系统能在全网络的节点共同参与下完成数据的上链操作，这不仅提高了系统的透明度，也极大增强了各参与方的动力，从而显著提高了资源共享的效率。

（二）数字化教育资源管理系统原则

首先，应当考虑数字化教育资源管理系统的设计核心，即安全性。在构建此类系统时，确保用户数据的安全和隐私是开发者面临的首要挑战。本系统采用区块链技术加密用户基本信息和教育资源，确保数据安全。此外，系

统还通过设置不同的访问权限来区分用户级别，从而确保各级用户的数据安全和操作权限的明确。

其次，考虑系统的可扩展性。随着用户需求的不断增加和业务量的增多，系统必须能够适应这些变化而不影响其性能。在软件开发的早期阶段，考虑到未来的需求变动，设计时必须注重系统的伸缩性。这不仅有助于未来进行升级和维护，同时也能在面对不断增长的用户需求时，保证系统的稳定性和响应速度。

最后，考虑到数字化教育资源管理系统的用户群体多元化，涵盖小学生与企业员工等具有不同背景和技能水平的用户，因此系统的设计必须简洁易用。系统的功能设计要直观，操作界面需要简洁明了，同时具有一定的美观性，以适应不同用户的操作习惯和认知能力。系统的普及度和用户满意度，很大程度上取决于这些设计的人性化和实用性。

通过这三大设计原则——安全性、可扩展性和简单易用性——我们能够创建一个既安全又高效，又对用户友好的数字化教育资源管理系统。这种系统不仅可以有效地管理教育资源，还能提升用户体验，从而推动系统得到广泛应用和长远发展。

二、数字化教育资源管理系统设计架构

（一）网络架构设计

数字化教育资源管理平台利用了一种特定的区块链技术，即联盟链，结合了 Fabric 技术来构建其网络结构。这种系统设计采纳了"本地数据库＋Fabric"的模式。在当前阶段，尽管区块链技术在教育领域的应用还在初步探索中，但考虑到数字化教育内容的独特需求和区块链的存储限制，大部分教育内容数据依旧存储在本地数据库中。与此同时，所有的用户活动和资源信息都按时间顺序记录在区块链上以确保数据的不可篡改性和透明度。

该管理系统主要涉及三种类型的用户角色：管理员、资源提供者及资源

使用者。在系统架构中，管理员分为区块管理员和学科管理员两种。用户在此系统中作为网络节点，依据其所属学科的不同被划入相应的组织群体。用户如果涉及多个学科领域，也可以同时加入多个组织。此外，这些用户组织围绕着数字化教育资源的管理和运营进行协作，通过加入相同的网络通道来共同维护数据账本的稳定和安全。最终，构成这一数字教育资源联盟的区块链网络由多个学科组织的资源用户节点组成，这些节点在网络中扮演记账、背书和通信等关键角色。

数字化教育资源管理网络的基础结构主要包括 Order 节点、区块链及组织内的多个操作节点。其中，注册用户即记账节点在此网络中负责验证交易、记录数据，以及维护网络的账本副本和状态信息。每当智能合约需要实例化时，各学科组织的记账节点将根据交易提案的内容和背书策略的具体要求，动态地扮演背书节点的角色。这些节点接收前端系统的交易背书请求，模拟执行交易提案，并对结果进行签名背书，确保数据的准确性和完整性。此外，主节点在系统中发挥着关键作用，主要负责处理与排序服务节点的通讯，并接收新区块的广播。在实际应用中，学科负责人通常担任主节点的角色，确保信息流的高效和准确。

为了建设高效的数据管理系统，采用了"数据库＋Fabric"技术的硬件架构方案。这种结构不仅明确区分了数字化教育资源的实体与其操作，还有效降低了区块链的存储压力，提升了数据安全性和传输过程中的信任度。此外，分布式存储结构的应用，提高了资源数据的共享能力，促进了教育资源的广泛传播和应用。这一系统结构确保了教育资源的高效管理和灵活应用，提高了教育行业的信息化水平。

（二）总体技术架构

设计基于 Hyperledger Fabric 框架的数字教育资源管理系统，涉及在区块链平台上构建应用。系统的数据层通过区块链技术记录用户的各类活动数据，开发者只需确定区块所需包含的数据元素和遵循的规范，便能有效地进行数据存储和维护。在系统的合约层，开发和部署智能合约以管理不同用户角色的访问权限。此外，通过整合数据层和合约层的功能，系统能够满足教育资源的上传、下载、更新和查询等操作需求，从而优化资源流通的各个环节。这种方法不仅提高了教育资源管理的效率，还提升了数据安全性和透明度。在数字化教育资源管理系统的全面架构设计中，系统被明确划分为多个不同的层级，包括用户层、应用层、合约层、数据层和基础层，每个层级的功能和责任如下所述。

第一，用户层。该层主要为客户端服务，针对包括教育内容提供者、使用者和管理员在内的各类用户。系统中不同的用户类型根据其角色被分配有特定的权限，这些权限限定了他们可以在系统中执行的操作范围。例如，教育内容提供者可以上传和管理自己的资源，而使用者则主要进行内容的浏览和获取。

第二，应用层。此层的设计致力于满足系统用户多样化的个性化需求，通过对功能模块的精细化设计来提供服务。例如，系统通过对用户管理和教育资源管理的模块化设计，使得各模块可以独立地负责特定的职责。这种设计使用户可以简单地通过界面操作完成所需的功能，无须关心后端的具体实现细节。应用层提供了多种操作界面，使用户能够在客户端或移动应用中执行注册、资源交易、信息查询等多种功能操作。

第三，合约层。这一层主要负责管理数据和网络服务，确保数据的有序处理及系统的高效运行。合约层承载了连接应用层与数据层的桥梁功能，向上通过 REST API 为应用层提供服务，向下则通过 Node SDK 与区块链网络交互。此层还负责区块链网络的成员管理、智能合约的维护和通道的管理。智能合约是实现系统功能的关键，如资源上传、交易等，都是通过智能合约来操作的。此外，合约层的智能合约通过 API 与私有数据库进行交互，在满足特定条件下，合约可以自动执行操作，无须第三方介入。

第四，数据层。数据层作为技术架构的基础，承担着两个核心职责：一是存储数据，二是保障账户与交易的实施及安全性。在存储数据方面，主要利用 Merkle 树结构来构建区块和链式存储系统。账户与交易的安全性则依赖于众多加密技术，包括但不限于数字签名、哈希算法及非对称加密技术，这些技术共同确保了交易的安全性和去中心化。此外，数据资源层支撑着数字资产的管理和操作的安全存储，通过基于区块链的分散式存储方案及底层数据库技术，不仅提高了数字教育资源的原始性和透明度，还增强了其防篡改的能力。该层的主要目标是在数字教育资源管理系统中安全地存储交易数据，并保护数据的安全与隐私。

第五，基础层。基础技术层包含操作系统、服务器和专用网络等关键组件，这些组件根据不同服务器的需要进行专门配置，为数字教育资源管理系统的运行提供支持。该平台的系统架构使得其功能设计涵盖了服务端的数据处理和前端的用户交互。用户在前端界面中可以进行资源上传、查询和账户管理等基本操作，而服务端则处理这些操作请求，并将处理结果通过前端展现给用户。这样的设计不仅优化了用户体验，还提升了系统的整体性能和响应速度。

三、数字化教育资源管理系统功能结构设计

数字化教育资源管理系统的整体架构是基于详细的需求分析来构建的，旨在提供更精确和深入的功能。该管理系统主要由三个关键的功能模块组成：用户管理模块、资源管理模块以及区块链系统管理模块。这些模块共同工作，确保系统的高效运行和数据的安全性。系统的模块结构设计清晰，便于用户理解和操作（见图 5-3-1）。

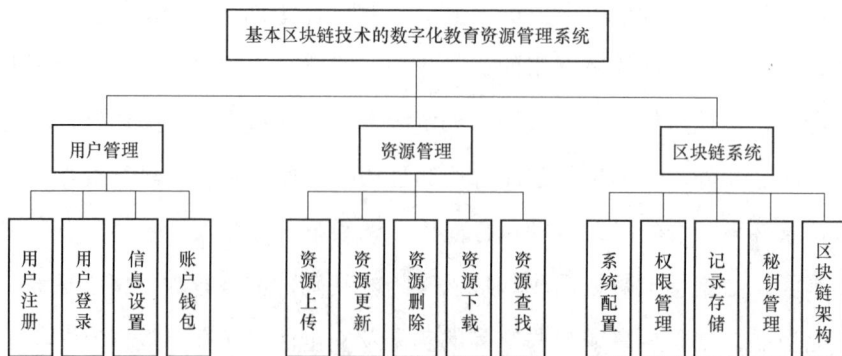

图 5-3-1　总体功能结构图

在用户管理模块中，如图 5-3-2 所示，模块主要由用户信息管理和账户钱包管理两大部分构成。用户信息管理旨在保存和管理系统用户的详尽资料，而账户钱包管理则专注于对用户钱包账户的操作和监控。具体来说，用户信息管理不仅涵盖了用户的基础数据如账号和登录密码，还涵盖了用户 ID、联系手机号和各类身份权限等详细信息。如果用户需更新其基本信息，必须提交给管理员一份修改申请，并且只有当申请信息被审核并确认符合系统要求后，这些信息才会被更新至用户信息管理模块。在本系统的运作中，系统流通的资金被称作资源币，该货币用于支付与资源交易相关的各项费用。用户在注册和登录时会获得一定量的资源币作为奖励，同时，用户在系统中上传资源也将赚取资源币。此外，当用户想要浏览或下载资源时，系统会根据资源的拥有者所设定的费用从用户账户中扣除相应的资源币以便用户获取资源。一旦用户账户中的资源币耗尽，他们可以选择充值来补充账户资源币。

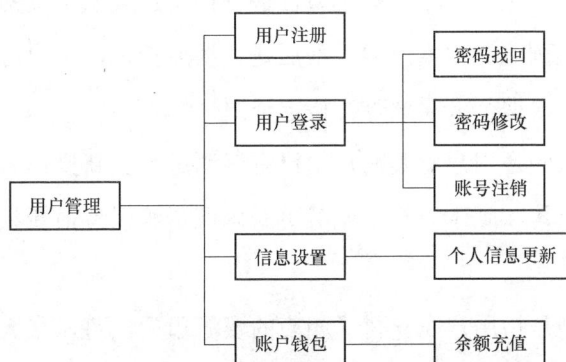

图 5-3-2　用户管理模块图

资源管理模块如图所示（见图 5-3-3），主要由资源上传、资源下载、资源检索等功能组成。

资源上传指的是资源提供者在系统的资源添加模块中按照相关提示进行操作。在此过程中，资源提供者需要完善资源的相关属性信息，如学科分类和资源名称。完成这些步骤后，系统会收到上传申请，并调动预设的智能合约。这一智能合约会根据资源的签名背书结果，自动完成资源上传。

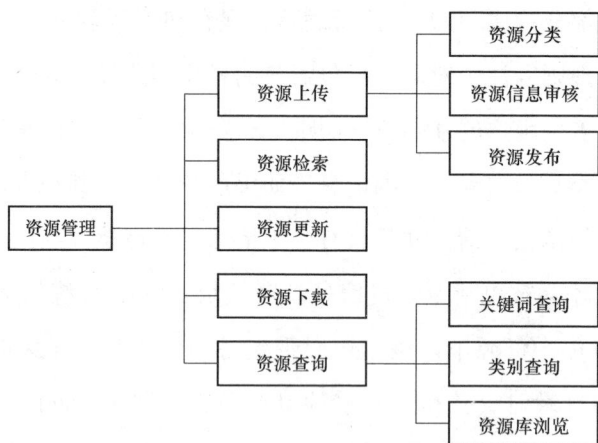

图 5-3-3 资源管理模块图

资源检索指的是系统用户可以在本系统中进行资源查询。系统设计了三种查询方法以方便用户查找所需的资源。首先是关键词查询，用户可以根据资源的学科、所属人或名称等关键属性进行搜索；其次是类别查询，用户可以按照学科分类浏览和检索资源；最后是数据库查询，用户可以在整个资源库中自由浏览，根据个人需求查找特定资源。

资源更新指的是用户对其账户中已有资源进行更新操作。这包括但不限于资源的重新上传和版本更换。此类更新确保资源保持最新状态，满足用户需求。

资源下载则是指用户在支付了相应的资源币后，可以在系统内对数字化教育资源进行下载。这一过程简单高效，确保了用户能迅速获取所需的教育资源。

在资源管理模块中，系统主要实现了数字化教育资源的审核、发布和存储等关键功能。这一模块的有效运作是资源流通和使用的保障。

在资源上传的具体执行过程中，系统会按照既定的背书策略，调动相应的用户节点对交易进行背书。只有当资源满足背书策略的要求时，才能通过系统的审核。审核通过的资源随后会被更新到区块链中，同时系统内也会添加资源的相关信息。最终，区块链系统通过 P2P 网络将账本信息传播至整个网络，从而实现信息的统一和资源的去中心化存储。这一过程不仅增强了系统的透明度，还提高了资源管理的效率。

区块链系统管理主要包括两大部分：系统管理和区块架构（图 5-3-4）。

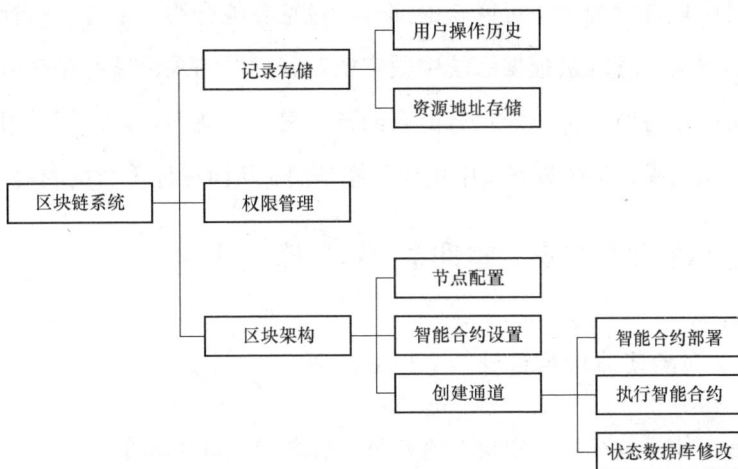

图 5-3-4　区块链系统管理模块图

系统管理的主要目的是确保系统的稳定运行，通过全面维护实现这一目标。区块链系统管理模块主要涉及权限管理和区块架构两大核心部分。权限管理涉及的关键环节是用户在注册和登录阶段，系统管理员会根据用户提供的注册信息为其授予相应的权限。这些权限允许用户在授权的范围内执行各种操作，如上传和下载资源。此外，权限管理还包括记录存储，即系统会详细记录用户在系统内的每一次活动，这些记录将被存储以便于将来对资源的溯源。由于区块链的存储空间是有限的，链上主要记录资源的基础信息和存储位置，用户在查询资源时获取的是资源位置的链接地址。密钥管理是另一项重要的功能，涉及用户密钥的创建、资源加密和解密过程。用户在注册过程中会生成一个独特的密钥，该密钥将根据用户的属性来配置，如果用户的属性有所更改，则需要重新生成密钥。

区块架构主要包括节点配置、通道创建和智能合约设置三个部分。服务节点配置是一项关键功能，管理员利用这一功能为允许加入区块链网络的服务节点生成数字证书，并通过设置区块配置文件来为服务节点设定共识算法和区块大小等参数。通道创建功能使得配置好的服务节点被置于一个特定的通道中，这一功能允许加入本管理系统的用户之间实现数据的共享。智能合约设置是区块链管理中不可或缺的部分，包括智能合约的部署、执行及状态数据库的更新。管理员根据系统中数字资源管理的需求，编写和部署智能合约到指定的服务节点上。一旦智能合约被触发，它就会自动运行，根据输入的数据产生结果，并在数据库中更新状态信息，从而保证了数据的实时更新。

四、数字化教育资源管理系统数据库设计

（一）对象实体模型设计

对象实体模型在系统中扮演着数据传输与持久化存储的重要角色。数字化教育资源管理系统涵盖众多此类模型，以下将以实体用户、实体表单、资源属性以及管理员为例进行详细说明。

实体用户属性涵盖用户 ID、账户名、密码、权限规则及创建时间等元素。其中，用户 ID 类似于身份证号，具备独一无二的特性。账户名与密码则作为登录系统的凭证，而系统则通过解读权限规则来验证用户的使用权限是否合规。

实体表单属性包括表单编号、表单类别、创建与修改时间、表单状态、详细信息、表单金额及交易金额等。表单类别用于指明该表单所属的具体业务类型，如资源上传或资源查询等。创建时间即表单的初始保存时间，而更改时间则通常对应于最近的一次修改或审核操作。表单的详细信息则涵盖了诸如资源名称、资源类型和资源地址等交易相关内容。

资源属性则包括资源编号、资源名称、资源类型、资源内容、资源地址以及资源的创建和更改时间等。其中，资源编号是手动设置的，用于在表单中进行记录。资源类型则定义了资源所属的大类，而资源地址则指明了资源

的具体存储位置。

当用户新建、编辑并提交表单后，这些表单将由拥有高级权限的管理员进行审核。由于每位用户可能参与多种业务，因此他们可能会提交大量的表单，这就意味着用户实体与表单实体之间存在一对多的关系。同样地，在管理员审核保存的表单时，一个管理员可能需要对多种表单进行审核，因此管理员实体与表单实体之间也呈现出一对多的关系。

（二）数据表设计

依据系统设计的规范及 E-R 模型分析所得出的结论，系统应涵盖以下几个核心的数据库表。

第一，用户信息表。此表的核心功能是记载系统用户对系统操作权限的相关基础数据，其中主要包含用户识别码、用户登录账号、用户登录密码等关键信息。

第二，资源作品表。这张表被设计用来保存平台上的作品基础信息，涵盖作品唯一编号、作品标题、作品创建日期、作品种类等详细信息。

第三，区块链管理员表。这张表专注于记录区块链管理者的基础数据，包含区块链管理者的唯一编号、姓名、登录密码，以及当前的区块链高度和管理者状态等关键信息。

五、数字化教育资源管理功能模块的详细设计

资源管理组件是数字化教育资源管理体系中的核心功能模块，其主要负责数字化教育资源的管理工作，涵盖资源的上传、下载、更新、查询及删除等各项操作。

（一）资源上传的详细设计

在资源管理模块中，为实现资源作品数据的上传功能，各类用户需先进行系统注册与登录，在身份验证环节输入个人的基础信息。待管理员审核通

过后，拥有"资源上传"权限的用户便能进入该功能，执行资源上传的相关操作。同时，区块链管理员可通过"资源列表"查看平台上的全部资源作品数据。为确保平台具有高公信力、安全性和去中心化特点，系统内所有资源作品数据均对系统成员公开。这意味着，用户在每个区块链节点都能浏览到全部的资源作品数据，并能在账本中追踪资源的更新与变化，进而实现对资源数据的可溯源管理。

在资源作品的管理方面，学科管理员、普通用户和区块链管理员各自拥有不同的操作权限。特别是区块链管理员，他们具备系统所有功能的操作权限。其他用户在登录时，系统会首先进行验证，并颁发身份认证证明，以此确定他们的操作权限。对于那些已获得相应权限的用户，他们可以根据实际需求录入、上传作品数据。而区块链管理员不仅有权为用户分配相应的操作权限，还负责验证并保障数据的完整性。

1. 资源上传流程

整个资源上传流程可概括为以下三个阶段。

（1）客户端发送请求阶段：用户凭借注册时获取的账号与密码登录系统，在通过身份验证后，系统将为其分配对应的操作权限。当用户提出资源上传请求时，系统会根据其权限进行核查，以确认其是否具备使用该功能的资格。

（2）链码执行阶段：一旦系统接收到资源上传的请求，便会激活部署在系统中的链码。此时，拥有相关操作权限的背书节点将开始执行链码操作。此环节的核心在于背书策略的实施，即由区块中的背书节点负责执行该策略。满足背书策略条件的交易会被提交至排序节点进行排序，进而生成新的区块，并将更新后的账本状态传播至网络中的所有节点。

（3）用户账户更新阶段：在资源成功上传后，系统会向用户的电子钱包支付一定数量的资源币，并在用户客户端的电子钱包中实时更新余额，至此整个交易流程宣告完成。

2. Fabric 区块链交易设计要点

Fabric 区块链的架构包括节点的配置，其中涉及 CA 节点、排序节点、Peer 节点等多种类型，同时还包括组织和通道的建立。其设计核心要点概述如下。

（1）Peer 节点：在数字化教育资源管理系统中，Peer 节点的主要职责是验证系统中的区块交易数据，以确保公共账本的准确性和唯一性。当智能合约（即链码）被触发时，Peer 节点会随交易变化而行动，作为背书节点来预先执行链码并为其执行结果提供背书；在无交易发生时，Peer 节点则转变为普通的记账节点，存储并保管账本数据。学校师生等参与数字化教育资源管理的人员在注册时即成为 Peer 节点，系统会根据他们的学科属性，将他们归入不同类型的节点，如每个学科的主要负责老师会被设定为主节点。

（2）Order 节点：为了保障交易在区块中的有序排列，排序节点会根据系统中交易的发送顺序来进行排序，随后将排好序的交易传播并更新至新的区块中。在本系统中，这一功能由系统自动安排，负责整个区块链系统交易的排序任务。

（3）CA 节点：在 Fabric 框架中，成员管理服务商主要负责审核并处理各用户加入联盟链的申请。一旦申请通过，CA 节点会颁发相应的数字证书以确认其加入。在本系统中，学校管理部门的相关负责人为 CA 节点，他们有权根据学校用户的申请来设定学科管理员和普通用户的身份。学科管理员的权限高于普通用户，此角色通常由学科的主要负责人（如某专业的系主任）来担任。

（4）组织：系统根据学校师生上传资源的学科类别对他们进行分类，将他们归入不同的组织。这种方式有助于形成多个组织，每个组织都按照其学科特点进行分类，从而简化了成员的管理过程。

（5）通道：针对每一笔交易，系统都会将相关的组织归入同一个通道内，以确保同一账本的安全性得到保障。

3. 资源上传区块链数据交易流程

（1）客户端资源上传交易请求的发起：用户在成功登录系统之后，通过系统内置的功能按键，填写资源的详细信息，并向后端提交资源上传的请求。该交易遵循特定的背书策略，系统会随机选定节点来发送交易数据。资源上传交易所遵循的背书策略为：首先，必须包含区块链管理员的有效签名；其次，需要学科管理员的有效签名；最后，还需获得学科节点中至少 1/3 成员的有效签名。

（2）资源上传提案的背书流程：根据提案所涉及的资源学科类别，后端会将提案转发至相关的学科节点以进行背书。此时，与交易直接相关的学科节点即被视为该笔交易的背书节点。背书节点会对提案进行模拟执行，并在完成背书后，将资源上传提案的背书结果反馈给应用程序。

（3）交易的排序过程：应用程序会收集所有背书结果，并将符合背书策略要求的交易发送至 Ordering 服务节点，这些交易会根据时间顺序被排列。

（4）区块的生成与排序：Ordering 服务节点会对从区块链网络中接收到的交易信息进行排序，并根据交易信息所属的不同通道来创建新的区块。

（5）排序服务节点向组织传播区块：排序节点会依据共识算法对新生成的区块进行公示，并将结果发送给位于同一通道的各组织主节点，以便主节点在验证后将区块添加到本地的账本数据中。在这一环节，系统还会对区块中的上传交易进行有效性验证。

（6）所有相关用户节点账本的更新机制：主节点会将区块更新操作传播至本组织内的所有相关 Peer 节点，确保所有 Peer 节点都能更新区块并实现区块同步，同时，写操作集也会被保存到状态数据库中。此外，节点还会通过事件通知机制告知客户端交易是否已成功被添加到区块链以及交易是否有效。

在资源管理模块的设计中，针对 Fabric 区块链中的每一种具体功能设计，其数据流程大体相同。主要的差异在于不同类型的业务所执行的背书策略和调用的链码设计不同。因此，在后续的详细功能设计中，将重点描述其业务流程图和相应的背书策略。

（二）资源查询的详细设计

资源查询是系统内所有成员共享的权限。当用户登录系统并通过身份验证后，他们可以进入资源作品集界面，进行资源查询操作。本系统提供三种资源查询方法：关键词查询、学科类别查询和数据库总览查询。在关键词查询中，用户可以根据资源的名称、作者等信息在系统中进行查找；学科类别查询则允许用户点击所需资源的学科分类模块，进而浏览该模块内的资源；而在数据库总览查询中，用户可以在整个资源列表界面直接浏览以寻找所需资源。

与资源上传流程不同的是，资源查询需要先扣除一定数量的资源币才能启动查询任务。当用户发出资源查询请求时，系统会首先检查用户的账户余额，并在扣除本次查询所需的资源币后，才会调用链码执行相应操作。查询成功后，用户的账户余额会更新，整个交易流程也随之结束。在 Fabric 框架中，资源查询的区块链数据处理流程与资源上传的流程有所区别，主要体现在客户端提交的请求、执行的背书策略以及调用的链码上。对于 Fabric 中的资源查询交易，其背书策略要求为：（1）必须包含区块链管理员的有效签名；（2）需要获得学科节点中至少 1/3 成员的有效签名。

（三）资源更新的详细设计

资源更新是指用户在区块链系统中，以新的资源取代原有的资源。尽管资源更新的流程与资源上传的流程在很大程度上是相似的，但两者在执行的背书策略上存在差异。

在 Fabric 框架内，资源更新的交易背书策略具体规定为：（1）必须包含区块链管理员的有效签名；（2）需要学科管理员的有效签名；（3）必须得到初始资源所有者的有效签名；（4）需要获得学科节点中至少 1/3 成员的有效签名。

（四）资源下载的详细设计

用户通过系统查询所需资源，并在支付相应数量的资源币后，服务器端将资源信息反馈给客户端。用户随后使用密码进行解密，获取资源的存储位置，进而链接到相应的数据库来下载所需资源。

在 Fabric 框架中，对于资源下载交易，其背书策略有如下要求：（1）必须包含区块链管理员的有效签名；（2）需要学科节点中至少 1/3 成员的有效签名。

（五）资源删除的详细设计

资源删除是指系统用户对其存储在本地数据库中的资源进行清除的操作，需要注意的是，用户的这一操作并不会删除区块链上的相关数据，而只能通过生成新的区块来记录这一变动。这一更新过程会在系统内以新区块的形式被记录下来，随后区块链管理员会在对应的资源清单中删除其外在显示的信息。

在 Fabric 框架中，进行资源删除交易时，需遵循以下背书策略：（1）必须得到区块链管理员的有效签名；（2）同时，也需要学科管理员的有效签名；（3）需获得学科节点中至少 1/3 成员的有效签名。

（六）链码的详细设计

在超级账本 Fabric 框架内，智能合约是通过链码（Chaincode）来实现的。在构建完区块链网络之后，需要着手对资源管理系统的智能合约模块进行详尽的规划设计。智能合约的编码结构主要包含引入包、结构体、系统初始化方法、主业务逻辑、具体接口函数以及主函数这六大组成部分。在部署智能合约时，会触发系统初始化方法 Init（），而当需要对账本执行读写操作时，例如记录资源信息或检索资源信息等，会调用 Invoke（）函数。资源上传与资源检索等根据数字化教育资源管理功能而设计的核心流程，均在 Invoke（）函数中得以实施，并通过接口名称来确定不同的执行路径。当客户端执行指令时，系统会激活核心业务流程并传递必要的参数。本设计主要围绕系统初始化、资源结构图的设计及接口调用路径的确定来展开。

第六章　区块链技术在其他场景中的应用

本章主要补充介绍区块链技术的其他应用场景。对于个人如何建立一个更完整、更安全、具有自证能力的数字身份，如何更好地保护自己的创作成果，如何让公益捐赠资源能够去到最需要它的地方等问题区块链都能给出更好的解决方法。本章主要介绍了区块链技术在数字身份领域中的应用、区块链技术在数字版权保护中的应用、区块链技术在公益慈善业中的应用。

第一节　区块链技术在数字身份领域中的应用

数字身份，即将个体的可识别信息以数字化的方式进行刻画，或者可以理解为将真实的身份信息转化为数字编码的形式，以便绑定、查询及验证个人的实时行为数据。这种数字身份不仅涵盖了诸如出生信息、个体特征描述、生物识别特征等基本的身份编码信息，还包含了多元化的个人行为数据。例如，微信、淘宝和脸书等社交平台存储了大量的社交互动数据，而微信支付、支付宝等则保存了丰富的交易记录。此外，游戏公司和视频软件公司也记录了用户的娱乐偏好。这些各式各样的数字化信息，共同构成了个人的数字身份。在互联网时代，由于信息的获取和存储渠道多样化，数字身份信息也相应地呈现出分散的状态。只有当数字身份信息足够全面时，才能更准确地描绘一个人的全貌。通过持续整合这些新的数字身份信息，可以对用户进行更为深入和全面的了解。

个人数字身份是进入数字社会的入口,影响着未来社会运转和经济运行,因此建立完备的个人数字身份体系的需求越发迫切。当前,数字身份已在多个生活领域得到普及应用,然而其碎片化和分散化的特性,以及对有效性、真实性和唯一性进行合理验证的需求,给其应用与管理带来了不小的挑战。传统的身份集中管理模式高度依赖于服务商的自律,但这种模式常导致身份泄露、盗用和欺诈等问题,从而使得个人利益难以得到充分保障。区块链技术,凭借其独特的特点和优势,有望将身份的控制权从第三方管理机构重新交还到个人手中,为用户打造一个完整且可信赖的"自主身份",这种身份是完全独立的,不依赖于任何第三方。因此,区块链被视为构建数字身份的理想技术手段。

一、数字身份面临的挑战

在当下,国民经济的各个方面及社会发展的诸多领域都在经历着数字化的深刻转型,数字信息已然成为推动经济和社会发展的核心动力与指引方向。但想要构建一个成熟、完善的系统,数字身份还需迎接诸多挑战。

(一)身份多重建立,维护成本高

在中心化的账户管理方式下,用户没有自己完整的数字身份,只有几十或几百个分散在不同中心机构的碎片数字信息,控制、更新和维护这些信息只能基于不同中心机构的应用,重复而烦琐地逐个展开。例如,人们需要在各种业务系统里提交相同的身份信息,重复相似的身份认证流程。伴随应用的大规模增加,对于个人而言,基于应用账户的身份管理方法的维护难度大,安全性弊端也日益明显;身份的认证方(如政府、金融、社会基础服务部门)和依赖方(服务提供方)需要为同一个体的身份认证服务付出重复的时间成本和经济代价;从各个中心机构来看,数百万家机构和组织获取、存储、管理和保护大量用户数据的成本不断增加，数据重复和数据不一致导致身份认证流程存在巨大的浪费。

（二）数字身份隐私数据保护困难

在目前数字身份的模式下，个人身份信息由其所依赖的应用提供，各个应用都建立各自的用户数据库来管理用户身份数据。资金雄厚和技术领先的机构组织拥有更好的数据库，储存了更全面的用户数字信息。不同组织间可能会发生数据的相互访问，将用户数据信息从一个孤岛传递到另一个孤岛，这甚至可能在用户不知情的情况下发生，这个过程中常常会伴有无意或不希望出现的用户身份数据泄漏的事件发生。例如，在 2018 年，脸书就数次爆出了严重的用户数据泄露问题，其中就包括脸书主观提供访问接口，允许微软、声田、奈飞和苹果等各大公司读取、发送和删除用户的私人信息，也包括其程序漏洞造成用户上传的私密照片被第三方应用程序访问。谷歌也曾出现过因访问接口出现问题而导致用户资料泄露的事件：谷歌因软件故障导致谷歌＋（谷歌公司旗下的社交网站）的用户私人资料库可被外部开发人员访问，并最终以关闭谷歌＋这一软件来平息泄露事件带来的纷扰。在 2017 年 10 月，Kromtech Security Researchers 这一安全研究机构披露，某医疗服务机构存储在亚马逊 S3 上的大约 47 GB 的医疗数据不慎被公开，数据中涵盖了 315 363 份 PDF 文档，这些文档涉及至少 15 万名患者的医疗记录。

尽管现在已有不少国家实施了用户数据保护政策，例如欧盟为了保护个人隐私而推行的《通用数据保护条例》（GDPR）就明文规定，企业在对个人信息进行收集、存储和使用时，必须获得用户的明确同意，并确保用户对其个人数据拥有绝对的控制权。但现实状况却是，用户的个人隐私数据往往容易被不法分子轻易获取并低价贩卖，这为不良利益集团提供了可乘之机。这些集团通过数据分析和精准营销手段，锁定目标用户，进而实施诈骗，导致用户的财产和相关利益受到损害。

（三）认证流程复杂，系统容错性低

用户在使用多样化的服务时，必须向多个组织反复进行身份验证，此过程往往涉及繁复且效率不高的手动操作步骤，从而导致用户的使用体验不佳。此外，传统的中心化身份验证方式高度依赖于单一系统的稳定运行，若该系统发生故障或宕机，将直接影响服务的响应能力，显示出较低的容错性。

二、区块链+数字身份

在2018年达沃斯世界经济论坛上，明确了构建优质数字身份的五大关键要素。（1）可靠性：一个出色的数字身份应当展现出高度的可靠性，使他人能够对其所代表的真实个体产生信赖感，确保其权利和自由的实施，并验证其享受服务的资格。（2）包容性：任何有需求的人士都应能无障碍地创建和运用数字身份，且不应因身份相关数据而受到任何形式的歧视。（3）有用性：一个有用的数字身份应当便于创建和使用，同时能够支持多样化的服务和互动访问。（4）灵活性：个人用户应享有选择权，自主决定如何使用其数据，包括数据的共享范围、交易对象和持续时长等。（5）安全性：安全性要求保护个人、组织或各类设备免受身份盗用和滥用的风险，确保数据不被泄露，人权不受侵犯。区块链技术在一定程度上能够满足上述要素的标准。

（一）更好的隐私保护

身份信息上链，有利于打破壁垒。区块链上的机构和企业可以直接通过索引来认证身份。与传统的加密手段相比，区块链所采用的哈希算法等先进技术能够显著提升用户信息的保密性。在区块链技术框架下，个人身份凭证被转化为一串由数字、字母及符号组合而成的字节序列，这些字节本身并不包含任何具体的个人身份信息。因此，即便黑客成功盗取了这些数据，也难以从中获取到真实的个人信息，从而有效保障了数字身份信息的安全性。

（二）更统一的身份信息系统

区块链技术的独特之处在于，多个组织共同维护一个统一的分布式账本。可以运用区块链技术来连接并管理涉及身份信息的各类机构，如公共安全、工商管理、司法机构以及医疗服务等，进而将这些身份信息同步录入到一个共享的账本之中。采用先进的密码学算法，可以确保每个机构仅能访问其职责范围内的数据信息，而身份信息的真正主人则能够查看全部数据。这种去中心化的处理模式将有效地解决身份信息分散、孤立的问题。

（三）更可信的身份信息

区块链的技术特点确保了身份信息一旦上链，便无法被轻易地改动。对于合理的信息更新需求，区块链技术能够将数据更新记录与相应的更新人员相联系，形成完备的信息更新追踪记录，从而显著提升了身份信息的可靠性。在传统的技术环境下，确保身份信息的完整性免受篡改是一项艰巨挑战，正因如此，在高度重视隐私和数据安全的背景下，监管机构往往难以提供原始的数据记录。然而，借助区块链技术，监管机构可以将身份信息安全地存储在区块链上。经过加密处理的数据不仅难以被非法获取，而且无法被轻易改动。区块链技术为数字身份的安全性提供了坚实的保障，而这些可信赖的数字身份信息也为市场带来了便捷的身份验证途径。

三、区块链数字身份存在的问题

区块链技术是属于时代前沿的新技术，虽然区块链与数字身份有很高的契合度，也得到政府的推行、业内的探索应用，然而在实际操作中，该技术仍有诸多待完善之处。就当前区块链技术和数字身份的特性而言，二者之间的融合仍然面临着一定的障碍和局限。

（一）上链数据的真实性难保证

区块链技术能够出色地确保链上数据的真实性和有效性，然而，在数据上链前以及数据向链上传输的过程中，可能有一定的潜在风险。为了确保线下数据的准确性，需要有权威的机构对其进行认证。基于这些机构的认证结果，可以将经过验证的信息上链，进而有效地保障初始信息的准确性。

（二）各国身份系统管理存在限制

区块链网络是一种全球性网络，使得数字身份系统的全球化面临一定挑战。这主要是因为世界各国在社会制度、政治环境和技术发展等方面存在显著差异。在国内环境中，政府负责对用户身份信息进行认证，并具备访问和监督用户数据的能力。然而，在跨国情境下，不同国家的系统能否实现有效互联，以及各国的信息能否实现互补，这些问题都充满了不确定性。

（三）相关法律法规体系不完善

构建基于区块链的数字身份系统的责任需由具备区块链技术背景的组织来承担。然而，在法律层面上，对于数字身份系统建设者的法律地位及其责任界定的清晰度尚待提升。因此，在系统运作过程中，一旦出现难以处理的纠纷，如何明确相关法律责任的划分就显得尤为重要。这些问题都必须在平台构建之初就给予充分的考量。

（四）保护措施不完善

在数字身份领域，要实现绝对的安全性，单纯依赖单一技术是不可能的。这需要多种技术相互协作、各取所长，以构建一个综合的软硬件结合的安全解决方案。尽管区块链的分布式账本技术在安全性方面表现出色，其账本在理论上难以被损坏或篡改，但恶意攻击者可能会将攻击焦点转移到用户及其设备上。因此，必须加强数据上链前的安全防护，如强化区块链参与者的身份验证流程，以及提高相关设备和运行环境的安全性。随着技术的不断进步，这些潜在的安全风险一旦得到有效应对，区块链技术将能充分发挥其巨大潜力，为数字身份提供坚不可摧的保护。

第二节　区块链技术在数字版权保护中的应用

在我国古代的文化圈，维权意识就已经出现了。可以说，维权意识伴随着中华文化的发展与兴盛。我国到了 1910 年的《大清著作权律》才形成了能够专注于维护版权的律法。时至今日，《中华人民共和国著作权法》根据当代各类作品的特点、社会情况、科技发展等，进一步完善了对版权的保护法则与方式，维护了创作者的利益。

一、数字版权行业发展现状

随着数字信息技术的持续进步，数字出版业已迅速崛起为一个新的产业领域。在数字出版流程中，数字技术被用于创建数字内容、进行数字内容的管理以及实现其网络传播，而通过这些流程所产出的创作被称为数字版权创作。数字版权，是指作者及其相关权利主体对这些数字化复制和信息网络传播的作品所依法享有的全部权益的总和。

我国主要的数字版权作品包括电子书、期刊、音像、原创音乐、影视等。随着我国产业整体发展的多元化，尤其是短视频、直播等新型版权形态逐渐成为当今版权领域的核心形态。得益于互联网技术的进步，如今每个人都有机会成为版权内容的创作者。同时，通过互联网消费版权产品的人群也在不断壮大。现阶段，版权产业已经成为推动我国经济增长的重要力量，而数字版权产业更是经济增长的重要推动力。近年来，我国数字版权产业对经济的贡献率正在逐年攀升。

数字信息技术的不断发展，使得数字化产品不断膨胀。网络信息技术的出现使得传统版权制度不再适用，版权法在侵权认定等方面发生了重大变化。

其中，无成本复制、急速传播和盗版技术的不断革新使得数字版权行业遭遇了多重挑战。

（一）版权登记缺点

根据我国现行的版权法律，作品一经创作即自动获得法律保护，登记并非获取版权的先决条件。作品登记采取自愿原则，无论是否进行登记，均不影响作者或著作权人依法享有的版权。然而，版权登记在解决版权归属争议时能提供一定的帮助，并可作为初步的举证材料。通常，从提交版权登记申请到获得证书大约需要一个月的时间，费用大约为每件 1 200 元；在美国，这一费用也高达 30～50 美元。在此过程中，政府机构（如各级版权局）负责受理和登记版权，但目前的登记机构主要进行形式上的审查，并不对申请人提交的材料进行深入的实质性审查。因此，在发生版权争议时，版权登记证书的法律效力相对有限。

传统的版权登记方式存在以下显著弊端：首先，成本较高，包括长时间的受理过程、烦琐的材料准备以及相对高昂的登记费用；其次，依赖第三方平台进行登记，这不仅增加了登记成本，而且登记的效果也易受到第三方平台运营状况变化的影响；最后，由于版权机构仅限于进行形式审查，缺乏实质性的专业审查环节，导致在版权纠纷中，权利人仍需通过法院的进一步认定和审理来解决争议，这在一定程度上削弱了权利人的举证能力。

（二）权利人常忽略维权

近些年来，数字版权侵权行为时有发生，但维权的权利人却并不多。众多普通创作者或中小型机构往往忽视了对自身权益的维护，这背后的原因主要有以下几点。

首先，确定维权对象具有一定难度，或者侵权行为呈现出规模化的特点。以网络环境为例，由于网络信息传播具有即时性和广泛性，数字作品的直接侵权者众多，不仅涉及其他平台机构，还牵涉到大量个体。创作者难以向所有侵权者追责，这无疑提高了维权的复杂性。

其次，维权成本高昂而收益甚微。网络侵权行为的隐蔽性和无限制性导致权利人在数字版权侵权诉讼中面临举证困难、时间和经济成本高昂的问题。即便权利人胜诉，侵权者再次侵权的可能性仍然很高，这使得维权效果并不理想。

最后，创作者在遭受侵权后，可选择的维权途径有限。以网络文学作品的盗版问题为例，在司法资源有限的现实情况下，单纯依赖司法途径进行维权不仅成本极高，而且难以从根本上解决问题，因此需要采取综合性的治理措施。

（三）群众版权意识有待提升

当前频发的网络侵权案件与公众版权意识的不足息息相关。特别是部分网络用户潜意识里并不认为在网络上轻点一下鼠标滥用他人作品构成侵权。"网上什么都能找到"的观念曾一度对数字版权产业造成不小的冲击。网络盗版也诱使一些网民出于牟取私利的目的进行盗版活动，他们享受免费的盗版资源，甚至打着"知识自由传播、资源共享"的旗号来为自己的侵权行为辩解，这使得创作者在维护权益时面临重重困难，甚至被扣上"贪图钱财"的帽子。我国的数字版权法已明确规定，网络用户必须获得平台授权后才能使用相关内容，但总有用户对此置若罔闻。平台用户在下载应用或成为会员后，通常能够访问平台的多种资源。然而，有些用户不仅限于个人使用，还在未经创作者或平台许可的情况下，擅自将这些资源分享给他人或在其他社交媒体平台（如微信、微博等）上传播，这明显违反了著作权法的规定范围。

二、区块链+数字版权

区块链技术作为一种具有显著革新性的科技，正日益渗透到各个行业领域。当区块链与数字版权领域相融合时，有望极大促进版权保护工作的进步，并为文化创意经济的发展注入新的动力。尽管区块链技术目前尚处于初步探索阶段，然而其独特的技术特性却为数字版权保护领域带来了全新的思维路径。

（一）链式结构、加密算法进行版权注册存证

版权注册存证构成了数字版权保护的基石，它能在相当程度上增强创作者的证据提供能力，同时为其创作提供初始的权属证明。在版权争议出现时，这些存证资料即成为判定版权归属的关键依据。区块链是一种高度安全的数据构造，它利用链式结构和加密技术来记录和保存作品信息，与版权登记存证的需求高度匹配。

从一方面来看，区块链体系是一个由多方共同维护的技术网络，在这个网络中，每一个节点都保存了完整的区块数据。通过时间戳技术，相邻的区块能够确保版权信息的登记在时间上具有不可逆性。从另一方面来看，区块链利用高度安全的密码学、哈希算法对版权信息进行加密处理，使得每一件作品都能获得一个如同 DNA 般独特且不可更改的标识。这个标识是独一无二的，并被永久地记录在区块链中。如果某个作品的数据被篡改，那么它就无法得到与篡改前相同的哈希值，这一变化能够迅速被网络中的其他节点所检测出来，从而确保了版权数据的独特性、完备性和防篡改性。

因此，区块链技术的运用有望颠覆当前网络环境下单点接入版权数据中心的注册登记方式，实现多节点、多终端、多渠道的数据接入方式。

（二）区块链版权的溯源能力

区块链数据结构具有溯源功能，能够对作品的创作、改编、传播、售卖等一系列环节进行跟踪记录。从版权流通的全流程视角来看，追溯版权的源头首要的是确认原创作者的身份。若侵权者先行完成了作品的版权登记，那么原创作者在维权举证方面将面临极大困难。因此，引入一种全新的、基于过程的区块链版权登记机制，将有助于改进和优化当前的作品版权登记方式。具体来说，原创作者可以直接在区块链应用平台上进行创作，而区块链创作

平台会详细记录作者的每一次创作时间及原创内容，将每次创作的时间戳、作者信息和作品关键数据等一并打包并存储于区块链中作为存证。最终，存储在区块链系统中的作品存证序列能够全面反映整个创作历程，从而为原创作者提供更多的可检索和可验证的证据，以支持维权。除了真实记录作品的创作过程，区块链技术还能完整地追踪和记录作品版权的整个流通环节。在传统互联网环境下，作品在流通过程中的验证和取证工作异常艰难，缺乏有效可行的技术手段。然而，区块链技术可以对作品版权的整个生命周期进行全方位的追踪。自作品确权开始，每一次的版权授权和转让都能被精确地记录和追踪，这不仅便于创作者对作品的管理，同时也能为各类版权纠纷提供确凿的司法证据。

（三）智能合约的应用

版权登记存档与权利确认是有区别的。登记存档主要是对用户上传的作品行为进行记录和证明；而权利确认则是明确作者与其作品之间的法律关系，这需要对作品的具体内容进行详尽的审查与取证，以验证版权的合法性。传统的作品权利确认流程相当复杂且耗时。然而，借助区块链中的智能合约技术，可以实现对数字作品版权的迅速、即时确认，同时，还能对作品版权进行智能化的监控和交易管控。

关于智能合约，我们在前面的章节已经进行了深入的探讨。简而言之，一旦在数字作品文档中植入了具备版权管控功能的智能合约程序，该作品就转化为了一种可以编程的数字化产品。当这种技术与大数据、人工智能、物联网等其他前沿技术相融合时，它能够自动完成作品版权的确认、授权，对全网范围内的版权侵犯行为进行即时的监控、反馈及自我处理，并自动执行各类版权交易活动。所有这些处理流程都是在智能合约的内置程序被激活时自动进行的，无须任何第三方平台的介入。这种方法不仅解决了数字版权的问题，还显著降低了交易成本，推动了数字版权管理的自动化、智能化和透明化，从而最大化地保障了原创作者的利益。

三、区块链对数字版权行业的影响

（一）助力资产增值

借助区块链技术的智能合约功能以及相应的激励机制，可以构建一个高度智能化的数字版权交易体系，这一体系能够充分盘活现有的庞大资源存量，进而推动整个文化资产的增值。从全局视角来看，区块链技术有望改变传统数字版权行业中作者处于弱势、收入微薄的现状，营造出一个多方共赢的出版生态环境。通过促进传统数字版权行业的转型升级，那些受到区块链技术保护的版权将极大地提高原创作者的创作积极性，从而全面激发文化创作产业的生命力。反之，文化创作产业的蓬勃发展也将促进出版业的繁荣，孕育出更多优秀的原创作者。出版商将有机会与这些作者签约、出版作品，或通过图书音像市场购买到更多高质量的版权。此外，区块链数据对所有用户，包括广告商，都是透明的。广告商可以通过区块链获取真实的作品阅读和广告浏览数据，为评估广告效果和制定广告经营策略提供准确依据，进而提升用户的体验。同时，版权管理者能够利用智能合约进行实时监控，可以迅速识别侵权主体，并对侵权行为进行高效处理，从而打造一个令多方满意的数字出版生态环境。

（二）提高版权法律保护能力

伴随数字科技的持续进步，网络空间与现实世界法律规范的界限逐渐模糊，同时法律规范也日益向程序化的方向发展。在网络世界中，人们的行为主要通过网络协议和技术规范来进行约束。以区块链智能合约技术为例，它有能力将法律条款转化为可执行的代码，从而模拟法律合同的作用。网络应用程序在此环境下成为执行规则的一种手段，这恰恰体现了劳伦斯·莱斯格（Lawrence Lessig）在《代码 2.0：网络空间中的法律》一书中所提出的"代码即法律"的观点。代码不仅是数字技术体系的基石，更是一种通过技术手段来规范个体行为的有效方式。

在传统环境中，司法部门的介入通常是在违法行为发生之后。然而，在区块链的环境下，智能合约能够在侵权行为发生之前就进行预设的限制和约定，为用户提供预警和提示。一旦侵权行为实际发生，违约程序将立即被触发并执行，这一过程中甚至无须任何个人或第三方机构的参与。这种在侵权行为发生前进行预警，以及在违约时实时执行法律措施的方式，从根本上解决了"执行难"的问题，显著提升了版权法律的保护效能。

（三）创新出版模式

区块链技术能够使原创作者获得更大的利益，鼓励原创，区块链数字版权应用能够使作者成为整个出版流程的核心。基于区块链技术的自出版平台，可以极大地改变传统出版行业以出版社为中心的出版模式。以 2018 年荣获数字图书世界大会"最佳区块链出版应用奖"的 Publica 区块链图书项目为例，该项目充分展现了区块链在出版领域的应用潜力。Publica 作为一个由区块链驱动的出版平台，汇聚了来自全球各地的编辑、作家、插画师以及图书推广机构等多元化群体。对于作家而言，Publica 不仅是一个新书众筹的平台，而且一旦在平台上众筹成功，他们便能获得以 PBL 数字代币形式提供的初始创作与出版资金。这种直接面向读者的模式，使得作家能够享受到比传统出版环境更为优厚的利润分配。对于读者而言，PBL 数字代币则成为在 Publica 平台上下载和阅读书籍的必备通行证。Publica 致力于利用区块链技术的公开透明性、去中心化的信任建立机制以及智能合约等技术优势，构建一个让每个人都能便捷地进行图书出版与发行的平台，从而实现对传统出版模式的深刻革新。

四、基于区块链的数字版权管理服务平台

区块链技术与数字版权保护领域具有高度的契合性。由于区块链具备不可篡改的特性，因此它能够详尽地记录作品从创作到流通的全生命周期过程。

这一优势不仅保障了版权交易的透明度，还使得版权购买者无须质疑交易记录的真实性。智能合约技术的应用可以极大地规范交易流程，提高交易效率，一个统一的区块链管理平台可以让原创作者获得更多利益。综上所述，构建基于区块链技术的数字版权管理服务平台对于解决我国数字版权保护面临的问题是非常有利的。下面将介绍一种基于区块链的数字版权平台设计架构（见图 6-2-1）。

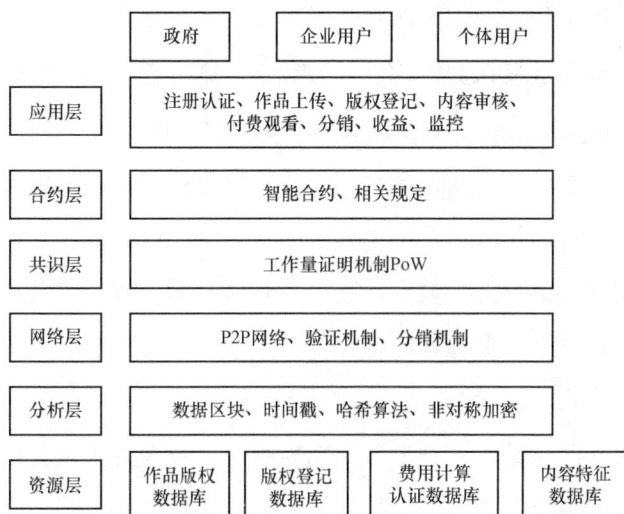

图 6-2-1　数字版权管理平台

基于区块链技术的数字版权管理服务平台共包含了资源层、分析层、网络层、共识层、合约层、应用层等。其中，资源层由四大数据库组成，分别为作品版权数据库、版权登记数据库、费用计算认证数据库和内容特征数据库；分析层由数据区块、时间戳、哈希算法、非对称加密等构成；网络层采用的是 P2P 网络、验证机制和分销机制；共识层采用的是工作量证明机制；合约层由智能合约和一些相关规定组成，可以提升处理效率；应用层主要由三条区块链共同组成，这三条区块链分别负责账户、版权和交易三个方面。

（1）账户模块

账户模块的区块链主要包括两个功能模块，用户注册模块和钱包模块。用户想要登录平台以获得版权管理服务，必须先进行实名注册，提供一些必要的材料供平台审核认证。经过审核，用户便能够在钱包功能模块即时查阅自身作品的销售收益，并依据平台智能合约的规定执行充值或提现操作。所有这些交易流程和数据都被永久且不可篡改地保存在区块链上。

（2）版权模块

区块链技术在版权模块的应用主要体现在四个核心模块：作品上传、版权登记、授权模块及内容审校。具体而言，首先，作者在完成平台的注册与登录流程后，可上传其原创的图片、音乐、文本或视频等各类作品。若创作者的作品先前已在版权保护机构进行过登记，则可直接提交版权登记证明。此时，系统会自动为数字证书嵌入独特的数字版权标识符（DCI码）。对于尚未进行版权登记的作品，创作者可利用本平台直接完成登记手续。接下来，当作品成功上传后，作者可根据个人意愿设定作品的授权模式、分销路径、售价以及相应的分销规定。最后，平台进行最终的审核，审核通过后，创作者的作品就可以在平台上进行传播。

（3）交易模块

交易模块的区块链主要分为五个功能模块，分别为渠道分销模块、付费模块、智能合约模块、数据统计模块、监控模块。首先，平台会依据创作者设定的授权方式，对其作品进行分销与推广，并根据实际收益向创作者支付费用。同时，创作者也可自主选择将作品分享至知乎、豆瓣、微博、微信等社交网络平台以进行更广泛的推广。其次，希望观看作品的用户可以直接登录平台，点击感兴趣的作品进入其信息页面。在这些页面上，用户可以清晰地查看到作品的版权及授权信息，并通过支付相应费用来观看作品，这一整个过程都被完整且不可篡改地记录在区块链中。无论是版权作品的上传、点播、分享、支付环节，还是分销的奖励机制以及平台运营的管理费用等细节，都是通过智能合约技术实现自动化执行，大大提高了操作的效率和便捷性。最后，数据统计模块将实施处理平台与各用户之间的清算、对账等财务操作，而监管模块则实时监控平台上的侵权行为，并自动保存侵权证据，及时通知被侵权方，以便相关权利人采取相应的法律行动。

五、区块链技术在数字版权行业中应用时存在的问题

虽然区块链技术在版权行业中的应用有各种各样的优势，但是任何技术都不是万能的。区块链技术尚处于发展初期，仍然存在很多问题。将其应用在数字版权行业中时，需要我们谨慎地评估分析，才能使得区块链技术更好地融合于数字版权行业中。

（一）区块链技术的限制

区块链尚处于发展初期，缺点较为明显。一是区块链技术效率不高，难以应对海量的数字版权信息；二是传统区块链技术会耗费大量算力资源。

（二）跨链问题

目前已知的数字版权保护平台，在采用区块链技术时，多数是通过平台自身对上传作品进行版权确认。举例而言，这些平台通常会对每个上传的作品生成一个独特的哈希值，这可以被视作作品的数字指纹。然而，由于每个平台独立进行认证，导致各平台之间的认证体系是孤立的，无法实现互操作，这就是区块链应用中的跨链难题。此问题对数字版权保护的长期进步构成了不利影响。

（三）难以解决的侵权问题

区块链技术确实是解决数字版权问题的一个理想的工具，但是从实际应用情况来看，仍然有些技术难关。例如，对原作品稍作修改后，若这些修改未达到构成新作品的条件，则该作品依旧归原作品版权所有，不应被登记为新的版权。然而，值得注意的是，尽管内容变动微小，其哈希值却会与原始作品截然不同，版权的确认并不能完全遏制盗版行为的发生。通过区块链系统追踪版权相关信息和提供证据，可以为版权所有者提供有力的技术支持，使其在版权侵权诉讼中占据有利地位。但数字作品因其具有易于复制和传播

的特性，使得盗版行为更为容易发生。要从根本上解决盗版问题，不能仅依赖于区块链技术，还需要法律和社会教育等实现综合治理。

第三节　区块链技术在公益慈善业中的应用

随着我国经济不断发展，人均可支配收入稳步提升，我国公益行业也迎来了快速发展。近年来，我国在接收款物捐赠的金额和增幅上屡创历史新高。公益事业的蓬勃兴起，映射出我国经济社会环境的日益完善，对于缓解社会矛盾、缩小贫富差距具有积极意义。

作为社会保障体系不可或缺的一环，公益事业所蕴含的公益文化是传统文化与社会核心价值观的重要组成部分。公益事业在现代化建设中的战略地位日益凸显。全社会都肩负着推动公益事业发展的共同责任，以充分发挥其在社会治理现代化中的关键作用。随着物质基础的夯实和公众意识的觉醒，公民、企业及慈善组织等多元力量已具备参与公益事业和志愿服务的热情与实力，为公益事业的进一步壮大奠定了坚实的基础。

近年来，我国公益事业整体发展势头良好，尤其是互联网的普及和公益众筹平台的兴起，极大地推动了社会公益捐赠的飞速发展，越来越多的人开始关注和投身公益事业。然而，也存在一些不和谐的现象。例如，公众捐赠的资金在进入某些公益组织账户后，资金流向和捐赠详情时常受到质疑，这反映了我国社会公益行业当前面临的挑战。

尽管政府和社会的监管力度在不断加强，但仍需消耗大量的人力、物力和财力。区块链技术的出现为解决这些问题提供了新的思路。区块链上记录的数据具有极高的可靠性和不可篡改性，非常适合应用于社会公益领域。公益流程中的关键信息，包括募捐细节、捐赠项目、受助者反馈以及资金流向等，都可以存储在区块链上。在满足项目参与者隐私保护和相关法律法规的条件下，这些信息可以被有条件地公开，以便公众和社会进行监督，从而推动社会公益事业的健康发展。

一、我国社会公益行业现状及问题

近年来，尽管我国在公益慈善领域取得了显著的进步和成就，然而新的问题和挑战也随之而来。尽管我国的社会捐赠总额庞大且持续上升，但在资金的有效运用和透明度方面仍存在诸多不足。为了进一步提升公益慈善事业的公信力，我们必须提高社会捐赠及其使用情况的公开性和透明度。公益慈善专业教育也有待进一步发展。

（一）公益捐赠结果不透明，资金流向不公布

随着互联网科技的进步，社会公益在规模、形式和公众参与度上都实现了迅猛的发展。这种"互联网＋公益"的新型公益慈善模式日渐受到大众的关注和认可。社会公益信息的传播速度也实现了巨大的提高，吸引了越来越多的公民投身于社会公益捐赠的行列。然而，如果社会公益领域频繁出现不可预测的负面事件，资金流动缺乏有效监督，公益捐赠的结果未能全面公开，那么将会引发公众的广泛质疑，进而可能对社会公益事业的持续发展造成一定的影响。

（二）信息披露成本高昂

在综合了多家组织的实践经验及深刻反思社会公益行业的过往教训后，尽管有部分社会公益组织已经采取措施，向公众公开了大量的捐赠信息及资金流动情况，然而这一举措的实施却需要庞大的人力、物力和财力资源作为后盾。此外，由于二次统计信息过程中难以避免出现错误，因此公益机构在提高信息透明度方面仍然承担着不小的风险。

（三）公益领域不同主体需加强协作

资源型组织更多地聚焦于争夺或掌握公益资源方面，而对于资助专业服务机构的活动则相对较少涉猎；服务型组织在现阶段还难以确保公益服

务的有效提供；倡导型组织在战略视野和影响力方面尚需进一步加强；各类公益组织之间的相似性多于其差异性，还未构建出一个相互依存的生态系统。

二、区块链在社会公益行业中应用的优势

区块链技术因其具有公开透明和不可篡改的特性，能够对社会公益行业的信息进行有效整合，致力于实现资金的清晰流转与资源的科学分配，进而激发民众更积极地参与社会公益活动，并提高公益组织的信誉度。区块链技术的优势主要体现在以下几个方面。

（一）区块链技术能有效降低成本

区块链技术在公益领域应用的成本优势，主要体现在减少交易成本和减少信息公开成本上。传统的金融交易方式往往需要依赖如银行等第三方平台进行，但这种方式难以像其他信息传输那样实现货币的零成本流通。区块链技术正是为解决这类问题而诞生，它构建了一个去中心化、无需第三方的信任机制。在这一机制中，每个参与者都同时是交易的监督者，使得交易能在无需第三方介入的情况下完成，并实现价值的顺畅转移。这不仅大幅减少了社会公益项目的交易成本，而且显著减少信息公开成本。

（二）提高透明度

区块链技术的应用将为慈善组织带来极高的透明度和严明的问责制度。由于记录在区块链上的每一笔交易都可以被用户查阅并追溯，慈善捐赠人和感兴趣的社会大众将可以自行监管慈善款项的来源和流向，而无需像以前一样由慈善组织公布各项信息。区块链技术的高度安全性可以保证记录于其上的每一笔交易都真实可信，因此公众也无须质疑慈善组织是否在公布信息时有隐瞒或欺骗的行为。这些特点都有利于消除慈善捐赠人和社会大众对慈善组织的怀疑，提升慈善组织的信用水平，从而促进慈善工作的开展。

（三）区块链技术能提升社会公信力

现今，社会公益领域面临的最大难题是公益组织的信任度不足，许多公众担忧捐赠的资金未能真正惠及需要援助的人群。作为非营利性质的志愿组织，公益组织在解决社会问题及推动公益事业方面扮演着举足轻重的角色，它们是捐赠方与受助方之间的纽带。因此，其公信力对于组织的运营成效具有深远的影响。

区块链是一种由去中心化网络中各节点共同维护的分布式数据库。这一特性使得区块链有别于传统数据库所具备的增、删、改、查功能，它舍弃了删除和修改的功能，转而赋予了数据不可篡改的特性。通过分布式的信息存储方式，区块链上的每个节点都享有平等的权利和义务。系统中的数据块由整个系统中具备维护职责的所有节点共同保护，无需依赖第三方机构进行监管和维护。由于区块链的数据信息在全网都有备份，因此只有控制了整个区块链网络半数以上的节点，才有可能对数据进行修改。当捐赠信息、资金流向等关键数据被整合并在区块链中记录后，这些数据就被永久性地固定下来。各个机构和个人可以相互监督，确保从资金上链到完成其使命的整个过程中，信息的准确性和真实性得到严格保障。这让公众能够清晰地了解到公益组织是如何管理和使用捐赠资金的，从而显著提高社会公益组织的信任度，并激发更多民众积极参与其中。

（四）信息安全性更高

在确保公益组织资金信息的透明度的同时，保护部分捐赠者和受助者的个人隐私不被侵犯，是社会公益领域面临的另一个棘手难题。区块链技术为匿名保护和信息安全提供了有效的解决方案。一方面，区块链节点间的数据交换无须建立信任关系，因此交易双方无需公开各自身份，系统中每个参与节点均可保持匿名状态。另一方面，区块链技术利用非对称密钥加密方法对交易信息进行加密，同时结合工作量证明机制，确保数据具有防篡改性，从而使得链上记录的数据具备高度安全性。此外，破解这些数据的条件非常苛刻，显著提高了攻击者或意图非法获取公益组织数据者窃取个人隐私的难度。虽然区块链系统中的各节点都拥有全部数据信息，但它们仅能访问自身权限范围内的数据，对于受保护的数据部分则无法触及，这在一定程度上确保了社会公益参与者的隐私权益。

三、区块链在公益慈善行业中的应用

（一）社会公益信息安全上链

在区块链技术中，除了交易者的个人私密信息被加密保护外，其余的数据信息均对全网开放，任何个体都能通过公共接口随时查阅，从而打破了旧有的信息不对称格局。公益组织可以根据公众的需求，利用区块链平台实现信息的公开与透明，以赢得社会的广泛支持。公益活动的各个环节信息，如捐助项目、筹款细节、资金流动情况及受助者的反馈等，都可以被记录在区块链上。在确保项目参与者隐私安全并遵守相关法律法规的前提下，可以选择性地公开这些信息，同时利用区块链的非对称加密技术，妥善维护捐赠者和受益人的隐私权利。

（二）区块链联盟架构助力公信力

为了进一步提高社会公益组织的透明度，并推动区块链技术在社会公益领域的深入应用，从而促进社会公益组织的健康快速发展，可以吸纳公益组织上下游的相关机构作为区块链的节点。具体来说，可以将公益组织、支付机构及审计机构等整合到一个联盟中，共同运作。这样，从捐赠环节、支付处理、受助过程到审计监督，就能形成一条完整的公益服务链。借助区块链的公信力来强化公信力，使区块链技术真正发挥"信任机器"的作用。

通过联盟机构的合作，还能强化外部监督。外部监督是确保社会公益市场规范运作的基础，同时也是公益组织赢得社会信赖的关键。然而，在过去，公益组织往往需要同时接受多个部门的管理，这导致了监管程序和标准的不统一。现在，基于区块链技术的公益组织、支付机构和审计机构形成的三方联盟，通过联盟运作的方式，推动了公益组织从独立的账本系统向分布式共享总账的转变。这意味着捐赠者（支付机构）的捐赠信息、受助者的基本信息及审计机构的审计结果，都将以共享总账的形式被记录在区块链中。区块链平台上的信息是公开且透明的，这极大地便利了相关人员的查阅，也是提升外部监督效力的一个重要途径。

（1）资金溯源。借用区块链技术建立一套公开、透明、可追溯的系统，这个系统里面的捐赠方和受赠方（相关方）可以查询每一笔款项的流动。例如资金发放的次数，以及使用方式、落实到哪些具体环节等。区块链技术将所有的捐赠信息上链而形成的这套系统可以有效减少分歧，提高效率。捐赠资金流动生命周期如图 6-3-1 所示。利用区块链平台，公益组织能够详尽地记录并追踪每一笔资金的流动路径，且这些记录具有不可篡改性。交易信息上加盖的时间戳为公众提供了一个清晰、连贯的视图，使他们能够全面了解捐赠金额、救助情况以及资金余额等关键交易细节。这样的透明度让捐赠者能够更为直观地看到他们的善举是否真正产生了影响，从而在某种程度上规避了资金未能有效到达受助者手中的风险。另外，区块链技术还可以利用不可篡改的特性，对受赠方进行身份认证，防止一些不怀好意的人通过伪造信息，来骗取慈善组织的捐赠。区块链的不可篡改的性质，会不断地增加诈骗者的作恶成本，从而抑制这些现象的发生，把善款发放给真正需要帮助的人。

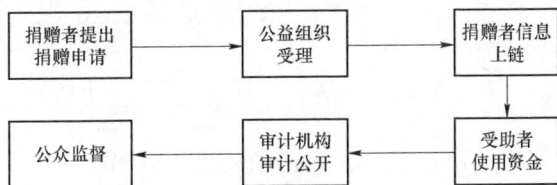

图 6-3-1　捐赠资金流动生命周期

（2）财务审计。社会公益机构应构建完备的财务管理体系，以确保能及时向公众发布准确、及时的财务信息，实现网络信息的公开与透明。同时，机构自身的运营费用，包括宣传费用和办公用品开支等，都应通过区块链信息平台被详细公示，而非仅仅以其他支出的名义进行简单公开。在基于区块链技术的社会公益组织联盟中，所有交易都将在区块链上执行。因此，利用区块链技术设计的解决方案，无疑会显著提高审计效率。此外，区块链的不可篡改特性和时间戳功能，对于需要审核的企业或机构而言，能够便于审计机构审查其在区块链上记录的所有交易信息，这不仅会加速审计流程，减少成本，还会进一步提升信息的透明度。

区块链智能合约能够提升资源配置效率。智能合约技术在区块链领域，特别适合于处理复杂多变的公益问题，从而有效应对公益慈善资源分配不均的难题。对于诸如定向捐赠（见图 6-3-2）、分期捐赠及附带条件的捐赠等复杂情况，智能合约提供了一种极为便捷的管理方式。智能合约的自动化执行功能，能够更高效地解决资源配置不合理所带来的过度救助与救助缺失的问题。

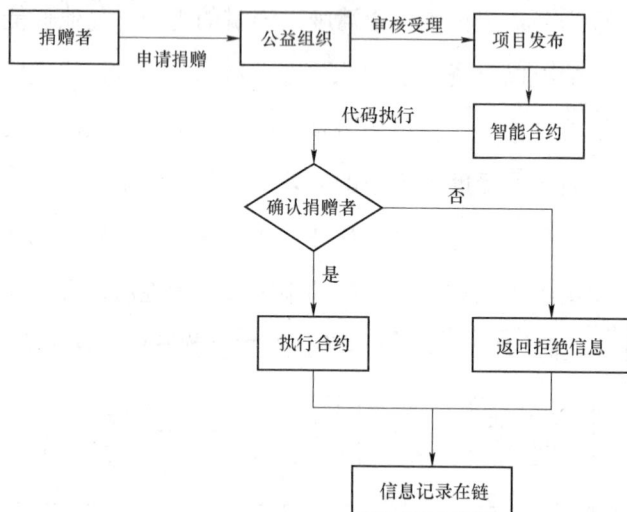

图 6-3-2　基于智能合约的定向捐赠

参考文献

[1] 李剑，李劼. 区块链技术与实践［M］. 北京：机械工业出版社，2021.

[2] 郭滕达，周代数，白瑞亮. 区块链技术应用与实践案例［M］. 北京：中国经济出版社，2021.

[3] 杨冠一. 区块链技术及行业应用研究［M］. 长春：吉林文史出版社，2021.

[4] 黄国平，唐平娟，张黎平. 基于区块链技术的供应链金融研究［M］. 长春：吉林大学出版社，2022.

[5] 袁煜明. 区块链技术进阶指南［M］. 北京：机械工业出版社，2020.

[6] 姜景锋，李军. 区块链技术的应用实践［M］. 北京：北京邮电大学出版社，2020.

[7] 马永仁. 区块链技术原理及应用［M］. 北京：中国铁道出版社，2019.

[8] 叶良，刘维岗. 大数据支撑下的区块链技术研究［M］. 西安：西北工业大学出版社，2019.

[9] 苟小菊，周志翔. 区块链技术及应用［M］. 北京：中国人民大学出版社，2022.

[10] 王瑞锦. 区块链技术及应用［M］. 北京：人民邮电出版社，2022.

[11] 麻剑钧，刘晓慈，易森林，等. 区块链技术在农产品供应链中的应用与发展对策［J］. 湖南农业科学，2023（8）：84-88.

[12] 葛璇. 互联网时代区块链金融创新应用研究［J］. 商场现代化，2023（16）：130-132.

[13] 赵慧霞. 智能技术的应用对现代教育数字化转型的助力——评《教育数

字化转型：人工智能、区块链和机器人技术如何赋能》[J]．科技管理研究，2023，43（16）：259.

[14] 申佳辉，王永全．论区块链技术在大数据侦查协作中的价值及应用[J]．浙江警察学院学报，2023（4）：114-124.

[15] 胡元聪，吴函聪．农产品溯源中区块链技术应用的法律风险防范制度研究[J]．湖北社会科学，2023（12）：144-153.

[16] 王巍，杜江．区块链技术在农业产业中的应用研究[J]．农业科技与装备，2023（6）：90-92.

[17] 高航，俞学劢．区块链技术在跨域数据共享与隐私保护中的应用研究[J]．中国管理信息化，2023，26（22）：185-187.

[18] 陈影．区块链智能合约的技术解码与法律规制[J]．网络安全技术与应用，2023（11）：128-129.

[19] 黄道名，罗奕，杨城，等．基于数字人民币支付的区块链体育公益慈善管理模式应用创新研究[J]．广州体育学院学报，2023，43（3）：55-65.

[20] 沈浩，凌杰，焦少波．人工智能和区块链技术在智慧供应链中的安全应用研究[J]．保密科学技术，2023（10）：39-45.

[21] 李文月．区块链技术在农产品溯源系统中的应用与研究[D]．新乡：河南科技学院，2022.

[22] 白银．基于区块链技术的数字版权保护应用研究[D]．青岛：青岛科技大学，2020.

[23] 陈威橦．区块链技术推动下的数字音乐版权管理应用体系构建研究[D]．北京：中国音乐学院，2019.

[24] 陈岱．基于区块链的云计算关键技术及应用方案研究[D]．西安：西安电子科技大学，2018.

[25] 袁冬．区块链中关键技术及应用研究[D]．西安：西安电子科技大学，2019.

［26］ 贺亚. 区块链技术在公益众筹方面税收征管的应用研究［D］. 广州：暨南大学，2019.

［27］ 李良旭. 区块链技术在数字版权中的研究与应用［D］. 北京：北方工业大学，2018.

［28］ 陈婷. 区块链技术在农业中的应用研究［D］. 杭州：浙江农林大学，2019.

［29］ 熊维祥. 基于区块链技术的学分认证系统研究［D］. 北京：北京邮电大学，2018.

［30］ 张泽航. 基于区块链技术的个人数据安全管理机制研究与应用［D］. 广州：广东工业大学，2019.